AF324573

Paris.—Imprimerie de Cosse et J. Dumaine, rue Christine, 8.

THÉORIE

DE LA

CENTAURISATION

POUR

ARRIVER PROMPTEMENT À L'EXÉCUTION DES MOUVEMENTS

DE L'ORDONNANCE,

PAR

M. le Comte SAVARY DE LANCOSME-BRÉVES,

Ancien officier de cavalerie,
CHEVALIER DE LA LÉGION D'HONNEUR,
Membre du Conseil général de l'Indre.

Seconde Édition.

PARIS

LIBRAIRIE MILITAIRE,

J. DUMAINE, LIBRAIRE-ÉDITEUR DE L'EMPEREUR,
Rue et Passage Dauphine, 30.

JANVIER 1863.

La première édition de mon ouvrage *Théorie de la centaurisation*, tirée à quinze cents exemplaires, étant épuisée, nous nous décidons à en donner une seconde.

Depuis cette époque, Monsieur le Président du Comité supérieur de cavalerie a bien voulu m'adresser l'avis suivant, confirmé le 4 avril 1861 par M. le Ministre de la guerre :

« Monsieur le Comte,

« Nous avons entendu hier le rapport de M. le « général Dupuch sur votre ouvrage *de la centau-* « *risation*. Les conclusions du rapporteur, basées « sur celles de la première Commission que je « présidais, ont été unanimement adoptées par « tous les membres.

« Recevez, etc. »

Signé : *Le Général de division*, *Président du Comité supérieur de cavalerie*,

L. GRAND.

THÉORIE

DE LA

CENTAURISATION

POUR

ARRIVER PROMPTEMENT A L'EXÉCUTION DES MOUVEMENTS

DE L'ORDONNANCE,

PAR

M. le Comte SAVARY DE LANCOSME-BRÈVES,

Ancien officier de cavalerie,
CHEVALIER DE LA LÉGION D'HONNEUR,
Membre du Conseil général de l'Indre.

Seconde Édition.

PARIS

LIBRAIRIE MILITAIRE.

J. DUMAINE, LIBRAIRE-ÉDITEUR DE L'EMPEREUR,

Rue et Passage Dauphine, 30.

JANVIER 1863.

AVANT-PROPOS.

Mes premiers écrits (1) sur l'équitation datent d'il y a bientôt vingt ans ; ils prouvent que l'équitation est *une science positive et non instinctive*, et présentent *la base de la centaurisation*.

En 1855, je commençai la publication d'un ouvrage que je termine en ce moment, *le Guide de l'ami du cheval*, et dont S. M. l'Empereur a daigné accepter la dédicace.

Au mois de juin 1859, je publiai dans *le Sport* une série d'articles intitulés *de l'Équitation dévoilée*, extraits de la partie encore inédite du même ouvrage.

Dans ce volumineux travail, dont les deux premiers volumes ont paru, je cherche à faire connaître tout le passé équestre, pour

---

(1) *De l'Équitation et des haras ; De la Vérité à cheval.*

que le lecteur apprécie par lui-même les doctrines des écoles de chaque siècle et les progrès de l'équitation.

Sachant combien les sentiers de l'étude sont rudes et pénibles pour tous ceux qui ne peuvent y entrer que passagèrement, en raison des autres devoirs de leur état, j'ai essayé de dégager l'équitation de tout ce qui pouvait la rendre obscure et difficile dans son application, et en mettant son langage à la portée de l'homme de recrue ; je crois être arrivé à la faire plus généralement comprendre, plus généralement apprécier.

Il ne faut pas que son étude soit, comme bien souvent elle l'a été, une cause de destruction pour le cheval et d'ennuis pour le cavalier ; il faut qu'elle conserve le premier dans toute sa force, et donne au second la connaissance réelle et raisonnée de ses moyens d'action, en un mot de toute sa puissance sur l'animal.

Le 20 février 1860, j'eus l'honneur de recevoir la communication officielle de la lettre ci-annexée de Son Excellence M. le maréchal comte Randon, ministre de la guerre, à M. le général de division Grand.

« Général,

« Vous exposez, dans votre lettre du 6 de ce
« mois, que l'ouvrage de M. le comte de Lan-
« cosme-Brèves, intitulé *le Guide de l'ami du*
« *cheval*, vous a paru contenir de bonnes théo-
« ries, qu'il serait utile de mettre en pratique,
« et à cet effet vous demandez que vingt cava-
« liers, n'ayant aucune notion d'équitation,
« et vingt chevaux neufs, soient mis à la dis-
« position d'une Commission qui serait
« chargée, sous la présidence d'un membre
« de comité, de suivre les expériences de
« M. de Lancosme-Brèves dans son manége
« de la rue Duphot.

« J'accueille avec empressement cette pro-
« position, qui est de nature à servir les in-
« térêts de l'arme de la cavalerie ; et, confiant
« dans votre expérience, je vous invite à pré-
« sider vous-même la Commission d'examen.

« MM. d'Avocourt, lieutenant-colonel au
« 6ᵉ dragons, et de La Jaille, chef d'escadron
« au 7ᵉ, feront partie de ladite Commission,
« conjointement avec les capitaines instruc-
« teurs de ces deux régiments. J'écris à M. le
« maréchal, commandant le 1ᵉʳ corps, pour
« qu'il mette à votre disposition et d'après les
« indications que vous aurez à lui faire, les

« hommes et les chevaux sur lesquels portera
« l'expérimentation.

« Veuillez, en temps utile, donner avis de
« ces dispositions à M. de Lancosme-Brèves et
« me faire connaître les résultats des expé-
« riences qui seront faites sous les yeux de la
« Commission, et dont il devra être tenu un
« procès-verbal.

« Recevez, Général, etc.

« Le Maréchal, ministre de la guerre,
               Signé : Comte RANDON.

« 17 février 1860.

« Pour copie conforme :

« Le général, président du comité de
« la cavalerie,

« *Signé* : L. GRAND. »

Le 27 février, je reçus la lettre suivante :

MONSIEUR LE COMTE,

« Le détachement que Son Excellence le
« ministre de la guerre a mis à votre dispo-
« sition est arrivé hier à Paris. J'ai donné des
« ordres pour qu'il soit réuni après-demain
« mercredi, 29 du courant, à huit heures du
« matin, au manége de la rue Duphot.

« Je pense que cette heure vous convien-
« dra ; dans le cas contraire, veuillez me faire
« savoir si quelque impossibilité contrarie
« cette réunion.

« Recevez, etc.

« *Signé :* L. GRAND. »

Les expériences commandées par Son Excellence le ministre de la guerre commencè-
rent donc le 29 février ; les détachements
d'expérimentation étaient composés de jeunes recrues et de chevaux neufs appartenant
au 1er et au 2e régiment de carabiniers.

MM. les membres de la Commission qui
avaient assisté à chaque leçon donnée, tant
au manége qu'au Champ de Mars, ayant
trouvé que les hommes et les chevaux étaient
suffisamment instruits pour entrer à l'école
d'escadron, après soixante-quinze séances,
les jeunes recrues retournèrent à Versailles
le 8 juin.

M. le duc de Lesparre, colonel du 1er régiment de carabiniers, et M. de Vauteaux,
colonel du second, avaient assisté plusieurs
fois aux leçons et recevaient un rapport jour-
nalier que les sous-officiers, MM. de Vérac

et Zimmermann, étaient chargés de leur envoyer.

Son Altesse Impériale le prince Napoléon a bien voulu assister, le 29 mai, avec son premier aide-de-camp, M. de Franconières, au travail des cavaliers, et a daigné me témoigner sa satisfaction.

Son Excellence le maréchal Magnan, commandant la première division militaire, MM. les membres du comité de cavalerie, MM. les généraux, colonels, officiers supérieurs et de tous grades de la garnison de Paris et des environs, m'ont fait également l'honneur de venir plusieurs fois assister aux exercices et de me donner des paroles d'encouragement.

Son Excellence le ministre de la guerre, dont on connaît l'autorité en matière d'équitation militaire, a voulu, dès la trentième leçon, s'assurer par lui-même des progrès des chevaux et des hommes qu'il a fait travailler devant lui, faisant interroger et interrogeant les cavaliers sur toutes les leçons qu'ils avaient reçues.

Après s'être initié au mécanisme de mon travail et avoir lu mon manuscrit, Son Excellence m'a autorisé à donner à mes principes le plus de publicité possible, et c'est avec son assentiment que je livre à l'impression les moyens qui m'ont servi dans les expériences officielles qui ont eu lieu.

Avant de terminer cet avant-propos, je croirais manquer à mon devoir, si je ne m'empressais de témoigner à Son Excellence M. le maréchal comte Randon, ministre de la guerre, à M. le général Grand, président du comité de cavalerie, à MM. les membres de la Commission, l'hommage de ma reconnaissance pour la bienveillance qu'ils m'ont témoignée pendant tout le cours d'expérimentation, et je ne veux pas oublier en même temps de signaler l'aptitude et les efforts que MM. les sous-officiers de Vérac et Zimmermann ont mis à me seconder dans toutes les leçons données aux jeunes recrues et chevaux neufs qui m'ont été confiés.

Paris, ce 1ᵉʳ juillet 1860.

Comte DE LANCOSME-BRÈVES.

PREMIER RAPPORT.

*Extrait du procès-verbal de la Commission.
Résumé du travail et exposé succinct de la
méthode de M. de Lancosme-Brêves.*

La Commission chargée de suivre les expériences de M. de Lancosme-Brêves sur sa méthode d'équitation et de dressage, a cru devoir établir une comparaison entre la base des principes de l'ordonnance qui ne reconnaît, en équitation, que deux aides dans la conduite du cheval, la *main* et les *jambes*, et ceux de M. de Brêves, qui ajoute le concours du poids du corps. Il appelle ces trois moyens *agents de la conduite*, et l'action des *cuisses* et des *genoux*, agents de la solidité.

La Commission s'est assurée, dans le courant des trente premières leçons, de la progression suivie. Faisant marcher de front la théorie et la pratique, M. de Lancosme-Brêves explique d'abord au cavalier ce qu'il appelle agents de la solidité, agents de la conduite. Il l'exerce ensuite au travail séparé de chaque agent et au travail réuni des trois agents.

La *centaurisation*, c'est-à-dire l'union morale et physique du cavalier avec son cheval, tel est le but constant que s'est proposé l'instructeur: aussi a-t-il dû s'attacher à bien faire comprendre au cavalier que la *souplesse* et le *liant* pouvaient seuls conduire à ce résultat ; que la *force* et la *roideur* produiraient inévitablement fatigue chez le cavalier, défense de la part du cheval ; que le cavalier devait toujours faire une opposition *égale* (et non pas *supérieure*) à la résistance présentée par le cheval. Comme application de ces principes, M. de Lancosme-Brèves a constamment fait répéter plusieurs figures équestres qui sont la clef de l'exécution de tous les mouvements. De là progrès et souplesse inespérés chez l'homme et le cheval.

La Commission a examiné ensuite les mobiles qui ont dirigé cette progression, afin de mieux apprécier la série d'instructions acquises par le cavalier et par le cheval tout à la fois et simultanément, l'un enseignant l'autre.

Trois sciences gouvernent le cheval principalement : la *physiologie*, l'*anatomie*, la *mécanique*. Toutes les trois ont fourni à M. de Brèves des règles parfaitement applicables et d'une compréhension très-facile.

La *physiologie* lui a inspiré qu'il ne pouvait y avoir entre le cheval et le cavalier, l'un et l'autre ignorants, l'entente nécessaire au succès du dressage complet qu'autant qu'il y aurait entre l'animal et l'homme *une union morale*, et pour cela il a travaillé tout d'abord à établir *harmonie des deux instincts, harmonie des deux intelligences*. Son attention a donc été d'apprendre au cavalier chargé de se lier à son cheval et de le dresser, ce qu'étaient l'*instinct*, l'*intelligence*, l'*expression*. Il s'est attaché, par des exemples faciles à comprendre et pris dans les habitudes de l'existence commune de l'homme et du cheval, à faire concevoir au cavalier que le cheval a, comme lui, des facultés intellectuelles, et dans le courant de ces trente leçons, il a trouvé à chaque instant le moyen de montrer qu'il y a toujours chez le cheval non éclairé une résistance involontaire et qui entraîne, de la part de l'homme chargé de son éducation, l'obligation de parler à son intelligence ; que, sans cette distinction, il y aura toujours lutte entre les deux, puis, comme conséquence, usure pour le cheval.

La *structure du cheval* (anatomie), fournissant la connaissance du jeu des muscles sur les os de l'animal, M. de Brêves s'est appliqué à ne pas faire exécuter un mouvement au cheval et au cavalier, à ne pas donner une position à l'un et l'autre, qui ne fussent commandés par le jeu des articulations. Il s'est étudié à éviter les défenses du cheval en liant le cavalier au corps de l'animal. Ce travail, qu'il n'a pu donner scientifiquement qu'à la Commission, il l'a donné pratiquement au cavalier, et c'est dans ce travail et le rapport intime qu'il établit constamment entre les points de contact de l'homme et du cheval, que se trouve la principale clef de sa méthode : aussi a-t-il mis dans la tête du cavalier que, s'il devait y avoir harmonie entre les facultés intellectuelles du cavalier et celles du cheval, il devait y avoir harmonie dans les mouvements de l'un et de l'autre pour arriver à l'*union physique*.

Aussi a-t-il mis une persistance et une surveillance de tous les instants dans l'exécution du travail des trois agents, la main, le corps et les jambes, travail qu'une théorie de quelques lignes a gravé dans la mémoire des cavaliers.

De telle sorte que la Commission a pu s'assurer, par les questions adressées à chacun d'eux et par leurs réponses, que cette étude est passée chez eux à l'état instinctif, au point que chaque cavalier, dans chaque mouvement, fait fonctionner ses trois agents sans effort apparent et, pour ainsi dire, par habitude. Ainsi l'union physique et l'union morale des deux êtres marchent ici journellement à l'accomplissement du problème de la centaurisation la plus complète, et, selon l'expression de l'auteur, il semblera bientôt qu'il n'y a plus chez les deux êtres qu'une seule intelligence, qu'un seul centre de gravité.

La *mécanique* a fourni naturellement à M. de Lancosme-Brèves, ainsi qu'il l'indique dans ses ouvrages, l'ordre et l'harmonie dans le travail du cheval et du cavalier C'est la *marche du centre de gravité* du cheval, déjà indiquée par lui en 1842, et donnée plus complétement en 1855 et 1857, qui a dicté le travail de la *main*, du *buste* et des *jambes* ; ainsi :

1° La *main* est chargée de mettre l'avant-main dans la position voulue pour le mouvement, — de diriger et de régler la masse, — de la laisser aller ou de l'arrêter.

2° Le *corps du cavalier* est chargé d'entrer dans les mouvements du centre de gravité ou de s'y opposer (travail prévu invariablement dans l'exécution de tous les mouvements du cheval) ; le corps du cavalier concourt à modérer, à déterminer l'animal à volonté par la position qu'il prend imperceptiblement sur la selle.

3° Les *jambes* sont chargées de donner la position à l'arrière-main et l'impulsion à l'animal.

Le travail des agents du cavalier est *invariable* d'un cheval à un autre ; le *degré seul varie* suivant la sensibilité et l'équilibre de l'animal, principes absolus chez M. de Lancosme-Brèves, et qui assurent le *positivisme de l'équitation* et *l'unité dans l'instruction*, but principal de la théorie militaire.

Les instruments nouveaux dont se sert M. de Brèves pour parler à l'intelligence du cavalier et lui donner une sage application de sa force, sont :

Les *dombelles*, qu'il met dans la main du cavalier pour localiser sa force, faire qu'un effort de bras, par exemple, ne vienne pas influer sur tout le corps et le rendre roide en tout ou en partie ;

Son *guide-filet* et son *guide-bride*, instruments ingénieux par lesquels il apprend au cavalier à pied tous les effets de la main sur la bouche du cheval.

Aussi la Commission attribue-t-elle la *mise en main* et la *souplesse* des chevaux à trois causes principales :

La première, la connaissance du travail de la main que donnent ces instruments par une instruction claire et facile à retenir ;

La seconde, le concours incessant des trois agents, calculé d'après la marche du centre de gravité de l'animal ;

La troisième, enfin, l'observation constante par l'instructeur des règles que dicte l'appareil nerveux de l'animal dans ses rapports de sensation et de locomotion.

En résumé, le travail des trente premières leçons a donné les résultats suivants :

Les hommes ont le corps et les jambes parfaitement placés ; ils se servent de leurs agents sans déranger pour cela ni leur assiette ni leur position, et ils sont en état d'exécuter avec toute la régularité désirable les mouvements des hanches et le reculer, mouvements difficiles pour le jeune cheval ; ils savent galoper sur l'un et l'autre pied, et s'enlèvent sans effort à cette allure.

Enfin, cavaliers et chevaux possèdent une instruction de beaucoup supérieure à celle qu'ils acquièrent d'habitude dans nos régiments.

Un pareil résultat est évident, incontestable, et parle de lui-même... Est-il besoin de rien dire de plus en faveur d'une méthode qui n'est nullement en contradiction avec les principes de l'ordonnance, et en tous points applicable à l'instruction de la cavalerie et habitue les hommes à conduire les chevaux avec patience et douceur ?

Paris, le 15 avril 1860.

Signé : DE MAUDUIT, capitaine au 6ᵉ rég. de dragons ; EFFANTIN, capitaine au 7ᵉ dragons, rapporteur ; DE LA JAILLE, chef d'escadron au 7ᵉ dragons ; D'AVOCOURT, lieutenant-colonel au 6ᵉ dragons.

Le général, président du Comité de la cavalerie, président de la Commission,

L. GRAND.

SECOND RAPPORT.

*Extrait et clôture des procès-verbaux de la
Commission chargée d'examiner la méthode
d'équitation de M. de Lancosme-Brèves.*

La Commission a cherché, dans son premier rapport, à présenter la base fondamentale de l'école de M. de Lancosme-Brèves.

Elle a signalé les résultats obtenus dans les trente premières leçons. Il lui reste à compléter son travail en présentant :

  1° Le nombre et le genre de leçons données aux hommes de recrue et aux jeunes chevaux ;

  2° La division de l'enseignement du maître ;

  3° La différence qui existe entre la théorie de centaurisation de M. de Lancosme-Brèves et les principes de l'ordonnance ;

  4° Les avantages qui résulteraient de l'adoption de cette méthode ;

  5° La facilité de transmettre la théorie de cette école à la cavalerie.

1° Nombre et genre des leçons données aux hommes de recrue et aux jeunes chevaux.

M. de Lancosme-Brèves a développé ses théories dans les quarante premières séances ; mais, bien que beaucoup de cavaliers n'aient pu assister régulièrement à toutes les leçons à cause d'indispositions momentanées, leur instruction lui a paru suffisamment avancée pour qu'il pût, au bout d'un certain temps indiqué dans le procès-verbal des séances, en confier la surveillance aux deux sous-officiers.

Pendant les vingt premiers jours, il a fait une répétition orale de la leçon du matin et la préparation de celle du lendemain ; le temps consacré était d'environ une demi-heure. Cette répétition n'était autre que le questionnaire expliqué, tel qu'il existe dans la *Théorie de centaurisation*, et la manière de se servir utilement des dombelles, du guide-bridon et du guide-bride.

Les deux sous-officiers, MM. de Vérac et Zimmermann, qui, la Commission se plaît à le reconnaître, ont montré dans tout le cours de ce travail beaucoup de zèle et d'intelligence, étaient initiés, dans les répétitions du soir, en même temps que les recrues, à la méthode de l'instructeur. Ils répétaient eux-mêmes les premiers l'exposé de la leçon, puis venait le tour de chaque cavalier. L'application des principes donnés était immédiatement faite par l'un d'eux sur un cheval froid ou avec les instruments susénoncés. Le lendemain, tous les cavaliers faisaient sur leurs chevaux l'application de la leçon de la veille et des précédentes, de telle sorte que M. de Lancosme-Brèves, dans ces trois mois, a formé tout à la fois et les uns par les autres, *instructeurs, hommes et chevaux*.

2° De l'Enseignement.

L'enseignement a été divisé ainsi qu'il suit :

Position de l'homme à cheval ;

Division du cheval en avant-main et arrière-main ;

Agents de la solidité, — leurs fonctions ;

Agents de la conduite,—leurs fonctions ;

Facultés intellectuelles du cheval ;

Aides ou agents auxiliaires ;

Manière de parler à l'intelligence du cheval;

Théorie des dombelles, du guide-bridon et du guide-bride ;

Puissances musculaires de l'animal, — ses défenses ;

Mouvements de l'ordonnance exécutés d'après le travail des trois agents, dans l'ordre indiqué, mais avec la répétition plus fréquente de certains de ces exercices.

Pour l'exécution de ces mouvements et pour y préparer le cheval, M. de Lancosme-Brèves n'a nullement fait usage des flexions, soit de mâchoire, soit d'encolure et de croupe.

La souplesse acquise a été obtenue en marche ; elle découle naturellement et forcément du travail des trois agents dans l'exécution de chaque mouvement. M. de Lancosme-Brèves a employé de préférence les figures qui exigent de la part du cavalier l'usage plus marqué *des trois agents*. Il s'est peu occupé du degré de chacun d'eux : ce degré doit toujours arriver en raison de l'union du cavalier et du cheval, union que chaque jour de pratique tend à resserrer de plus en plus.

Les mouvements choisis pour le travail ont été, dans le commencement, des changements de main, contre-changements de main, volte, demi-volte, ordinaires et renversées, etc., etc., pour arriver ensuite à la spirale, à la serpentine et aux figures les plus serrées du manége et du travail individuel.

3° De la différence qui existe entre la théorie de centaurisation de M. de Lancosme Brêves et les principes de l'ordonnance.

La Commission croit devoir établir ici la différence qui existe entre la théorie de l'ordonnance et celle de M. de Lancosme-Brêves, afin de faire mieux ressortir la nécessité de compléter certaines parties de la première.

La Commission appuie son opinion sur la simplicité de la méthode et des moyens employés pour la mettre en pratique, ainsi que sur les excellents résultats qui en sont la conséquence. Cette méthode ne change en rien ni la progression, ni les détails de l'instruction du cavalier à cheval. Elle les complète, les rend plus clairs, en introduisant les éléments qui y manquent.

Ainsi, elle prescrit dans son enseignement l'emploi d'un troisième agent facile à expliquer, le *corps du cavalier*. Elle rend plus certain, plus positif, le travail des deux autres, la *main* et les *jambes*, d'après des règles reposant sur des principes invariables.

Elle comprend une instruction orale de quelques minutes. Pendant les premiers jours du travail, instruction très-simple qui initie le cavalier aux notions les plus élémentaires du jeu des organes du cheval. Elle lui apprend à connaître et aimer cet animal.

Ce travail manque à la théorie du cavalier qui, après avoir été initié à la position du corps, l'usage des mains et des jambes, n'apprend pas sur quel être il est appelé à faire agir ces trois choses, chacune dans un ordre indispensable à la bonne conduite du cheval.

La différence principale réside donc dans la leçon préparatoire qui consiste à interroger souvent l'élève sur tout ce qui lui importe de savoir théoriquement et pratiquement (voir le questionnaire).

M. de Lancosme-Brèves conserve tous les mouvements de la théorie ; il n'en change aucun : seulement, il insiste plus particulièrement sur certains déjà indiqués, et dont on a rendu compte au procès-verbal des séances.

4° Avantages généraux de l'enseignement.

Les avantages généraux de l'enseignement peuvent se résumer ainsi :

1° Economie de temps dans l'instruction des hommes et des chevaux, puisqu'au lieu de cent quatre-vingts journées de travail, les cavaliers sur lesquels on a expérimenté en ont eu soixante-quinze.

2° Avantage de pouvoir dresser l'un par l'autre, en cas d'urgence.

3° Amélioration dans les résultats, en ce que les hommes et les chevaux sont mieux dressés qu'ils ne le sont d'habitude dans les régiments, après un temps beaucoup plus long de travail. Les hommes sont plus avancés en ce qui concerne leur métier. Ils ont 'intelligence plus développée par une méthode attrayante et facile à retenir.

Les chevaux sont en parfait état de conservation à la fin de leur instruction. Ils n'ont été soumis à aucun moyen de dressage pouvant nuire à leur impulsion naturelle, les rendre irritables et même rétifs. Ils ont une grande confiance dans leurs cavaliers, ce que l'on voit par leur air de tranquillité et la manière dont ils donnent leur force.

Le troisième agent offre l'avantage marqué et incontestable de ménager la puissance musculaire de l'animal, en faisant bénéficier la force contractive d'une partie du poids du cavalier.

Ainsi l'instruction de M. Lancosme-Brèves est essentiellement conservatrice pour le cheval. Elle rend le bien-être du cavalier plus complet, en ouvrant son intelligence, en obligeant l'instructeur à aller découvrir chez lui les germes de raison qui souvent ne demandent qu'à se développer.

La Commission a pu s'assurer de ce fait chez les jeunes gens soumis aux expériences dont aucun n'est lettré et qui appartiennent presque tous à la classe ouvrière. Le cavalier deviendra plus patient, plus attentif, plus éclairé vis-à-vis de lui-même et du cheval.

L'instructeur sera forcé d'avoir les mêmes qualités, puisqu'il doit servir d'exemple. Il devra s'occuper sans cesse de l'homme de recrue, l'interroger souvent sur les instructions reçues, attention recommandée, mais trop négligée dans les régiments, où l'instructeur, après avoir récité le texte de l'ordonnance, manque d'un questionnaire pour s'assurer s'il a été compris.

Enfin et comme conséquence, la cavalerie sera plus forte en temps de guerre, parce qu'elle trouvera chez les hommes une instruction plus solide et une harmonie plus complète entre les cavaliers et leurs chevaux.

5° Facilité de transmettre la théorie de cette école à la cavalerie.

M. de Lancosme-Brèves ayant prouvé qu'on peut, en moins de trois mois, arriver au dressage complet et simultané de cavaliers de recrue et de chevaux neufs, la Commission pense qu'il serait facile et très-désirable de prendre les mesures nécessaires pour transmettre cette théorie à la cavalerie.

Dans ce but, elle propose d'envoyer, pendant le temps nécessaire, M. de Lancosme-Brêves à Saumur, école qui a toujours eu l'heureux privilége de donner à la cavalerie l'impulsion et l'uniformité dans l'instruction, et d'y répandre les bonnes traditions équestres. Dans cet établissement, qui possède des ressources de tous genres, M. de Brêves ferait l'application de ses principes.

La Commission propose encore de confier à Paris, à M. de Lancosme, l'instruction d'un certain nombre d'officiers et de sous-officiers, auxquels il faudrait moins de six semaines pour pouvoir connaître et appliquer ses doctrines. On arriverait ainsi rapidement à former un nombre d'instructeurs suffisant pour répandre cette théorie dans les régiments.

Avant de se dissoudre, la Commission offre à M. de Lancosme-Brêves le témoignage de son entière satisfaction pour les brillants et rapides progrès qu'il a obtenus. Ces résultats ont été constatés par des visiteurs éclairés et compétents, et ont valu au maître d'unanimes félicitations.

La Commission croit enfin devoir appeler l'attention de Son Excellence le maréchal ministre de la guerre sur les améliorations que l'application des principes de M. de Lancosme-Brêves apporterait dans la cavalerie, et elle demande, pour en assurer le succès, l'adoption des moyens qu'elle vient de proposer.

La méthode de M. de Lancosme-Brêves a été publiée dans un ouvrage intitulé : *Guide de l'ami du cheval*. Dans ce travail, l'auteur développe l'histoire et les phases de la cavalerie, depuis les temps les plus reculés ; *il ouvre une ère nouvelle à l'équitation* par l'exposé de ses doctrines, et donne les moyens de les mettre en pratique.

Cette étude consciencieuse peut apporter dans les corps des principes utiles à connaître pour les officiers qui s'occupent sérieusement du cheval. La connaissance de cet ouvrage, quoique publié sous forme de journal, serait avantageuse à l'instruction de la cavalerie. La Commission propose donc à M. le ministre de la guerre d'autoriser chaque régiment de cavalerie et d'artillerie, les dépôts de remonte et les corps de la gendarmerie à souscrire pour un exemplaire de cet ouvrage.

Paris, le 1ᵉʳ juin 1860.

Signé : D'Avocourt, lieutenant-colonel du 6ᵉ dragons ; Effantin, capitaine au 7ᵉ dragons, rapporteur.

Le général de division, président du Comité de la cavalerie,

L. Grand.

THÉORIE

DE LA

CENTAURISATION.

OBSERVATIONS
ET CONSIDÉRATIONS PRÉLIMINAIRES.

Le but de la théorie militaire est de faire promptement et bien :

1° L'instruction de l'homme de recrue ;
2° L'instruction du cheval.

L'une et l'autre peuvent marcher de front.

L'instruction à cheval du cavalier se fera dès le début sur un cheval habitué à l'homme, mais avec les principes et les règles qui vont être donnés dans les premières leçons ; huit jours suffiront pour permettre à l'homme de recrue d'une structure favorable d'affronter le cheval vif et volontaire.

Quant au cavalier qui aurait quelque difficulté physique, telle qu'une grande roideur naturelle et une timidité compréhensible chez le jeune paysan, il sera nécessaire de lui donner d'abord un cheval doux et tranquille.

2.

L'apprentissage du cavalier sera divisé en deux études distinctes, mais inséparables, l'une précédant l'autre.

La première, *théorique*, s'exécutant tantôt à pied avec les instruments dénommés ci-après dans l'instruction, tantôt à cheval, sur un cheval froid destiné à la leçon théorique de l'homme de recrue. — Cette leçon préparatoire ne se donne que pendant les premiers jours.

La seconde, *pratique*, le cavalier sur le cheval qui lui a été désigné.

La durée de ces leçons est proportionnée au temps dont on peut disposer ; la leçon théorique ne doit pas être de longue durée, afin de ne pas fatiguer l'attention du soldat.

L'étude pratique devant être faite en même temps que l'étude théorique, les deux instructions vont se suivre.

Une fois les principes équestres inculqués dans la tête du cavalier et l'exécution faite avec soin, il ne faudra pas un mois à celui-ci pour qu'il contracte l'habitude de l'emploi exact de chaque agent de la conduite et pour qu'il soit en état, au bout des trois mois, de dresser lui-même son cheval de troupe.

Le cavalier de recrue, pouvant être appelé sous les drapeaux pendant la guerre, doit être mis de suite à cheval comme s'il devait entrer en campagne dès son arrivée au régiment.

L'instruction première doit donc être de nature à le rendre confiant en lui-même dès le début du travail.

Il faut que ses premiers essais sur le cheval lui prouvent qu'il lui est supérieur; l'instructeur en fera donc tout d'abord *un homme solide*.

Il arrive au régiment à un âge favorable, et quel que soit son degré de développement intellectuel, ses organes sont disposés à conserver les impressions qu'on y fera germer ; son avenir peut dépendre souvent de la manière dont la première instruction lui sera donnée.

Plus le jeune paysan paraît lourd et engourdi, plus il a besoin d'une instruction intelligente qui l'empêche de se concentrer davantage en lui-même; et s'il doit faire un retour intérieur, que cet examen lui donne une idée de sa *force* et de sa *valeur*.

Si on lui montre des qualités réelles dans le cheval et qu'on lui prouve qu'il doit les diriger et les captiver, *il apprend, sans s'en rendre compte, ce que c'est que la vie des organes ;* et en même temps qu'on assouplit son corps on développe son intelligence, qui découvre que les facultés intellectuelles du cheval ne sont rien comparées aux siennes ; *il connaît l'animal, il se connaît lui-même.*

Le succès de l'instruction dépendra en grande partie du soin que l'instructeur prendra d'interroger souvent le cavalier sur les leçons qu'il lui donne en se renfermant *dans les limites du questionnaire de la Théorie de centaurisation.*

Afin de se montrer à la hauteur du rôle qu'il est appelé à jouer, l'instructeur sera sérieux, mais doux, évitera les épithètes grossières, qui blessent et troublent sans éclairer. Comment aurait-il le droit d'exiger de la patience et de la douceur chez le cavalier pour le cheval, s'il ne donne pas lui-même l'exemple de ces précieuses qualités?

Si l'instructeur crie, il arrive souvent qu'il blesse, sans s'en douter, les organes du cheval, dont les yeux et les oreilles sont sans cesse attentifs *aux gestes et à la voix* de ceux qui sont autour de lui... surtout quand les chevaux sont neufs.

L'instruction doit porter tout à la fois sur le moral et le physique du cheval, c'est-à-dire sur l'appareil de relation, qui comprend ceux de sensation et de locomotion.

En suivant la progression indiquée dans la *Théorie de centaurisation,* le cavalier sera bientôt initié sans effort de mémoire aux règles de la physiologie, de l'anatomie, de la mécanique, bien que ces noms scientifiques ni d'autres ne lui soient jamais prononcés.

L'application des règles commence au dépôt des remontes et se perpétue dans les régiments.

Le *travail du mécanisme animal* ne variant d'un cheval à un autre que par des degrés qui sont la conséquence des différentes sensibilités et des divers équilibres, le travail des agents de conduite ne doit varier d'un cheval à un autre que par des degrés d'application dans l'exécution.

Le temps, par l'expérience, rend le travail invariable des agents de *plus en plus précis* dans l'exécution : aussi l'instructeur s'attachera-t-il toujours au travail exact de chaque agent *plutôt qu'au degré*, par la crainte que ce dernier n'empêche l'emploi de l'agent en rendant le cavalier trop circonspect. Il vaut mieux qu'un cavalier soit dur et brusque en commençant que *mou* ou *incertain* dans l'exercice qu'on lui fera faire du travail des trois agents de la conduite.

La sensibilité du cheval finira toujours plus ou moins promptement par admettre le travail de chaque agent du cavalier, le degré dans l'application, *seule partie qui se modifie*, devenant de plus en plus facile à appliquer, parce qu'il est la conséquence forcée d'un travail répété souvent par les mêmes agents, sous les mêmes influences et conditions *physiologiques, anatomiques* et *mathématiques*.

Les leçons qui vont suivre amèneront entre le cavalier et le cheval harmonie dans les deux instincts, les deux intelligences, les deux sensibilités, les deux contractilités, les deux mémoires, les deux volontés, les deux expressions, les deux centres de gravité. Le cavalier et le cheval, arrivant à l'union morale et à l'union physique, n'auront plus dans le travail qu'*une seule intelligence*, qu'*un seul centre de gravité.*

L'instructeur doit donc se pénétrer des causes morales et physiques qui lient le cavalier avec son cheval ou l'en séparent, et dès que cette étude lui sera familière, il en transmettra facilement la substance au cavalier.

Il établira dans son esprit les quatre points suivants, qui seront pour lui la base fondamentale de sa théorie : *union morale, union physique ; — désunion morale, désunion physique.*

Esprit, raison et but de la centaurisation.

L'union du corps du cavalier avec celui du cheval dépend donc du rapport intime que l'homme sait établir entre son système nerveux et celui de l'animal.

L'*union morale* existera si le cavalier, par son langage aux cinq organes des sens, la vue, l'ouïe, le tact, l'odorat, le goût, sait éclairer le cerveau du cheval et faire naître la *volonté* du mouvement qu'il veut obtenir.

Chaque question équestre a sa règle fixe et invariable dont l'application est plus ou moins facile ; mais que la règle provienne d'une science ou d'une autre ou de plusieurs à la fois, le but est toujours le même : il doit conduire à l'harmonie des deux êtres.

L'*union physique* dépend du rapport intime

et continu qui règne entre les trois agents du corps de l'homme et les points du corps du cheval sur lesquels ils reposent ou doivent agir, et de la manière dont le cavalier livre son corps au mouvement de l'animal.

On a toujours dit à l'élève : de l'accord dans la main et les jambes ; il faut lui dire : dans *la main, le poids du corps et les jambes.*

Sans union morale, sans union physique, il ne peut y avoir d'harmonie entre le cavalier et le cheval ; or, si cette double condition n'existe pas, il y aura désaccord entre les deux êtres, c'est-à-dire *désunion morale, désunion physique.*

Les organes du cheval étant froissés par le cavalier, il y aura trouble au cerveau, et l'accord commun disparaissant, on verra se produire *deux intelligences* au lieu d'*une seule, deux centres de gravité* au lieu d'*un seul,* et, comme conséquence, *lutte entre le cavalier et le cheval.*

La THÉORIE DE CENTAURISATION est l'application exacte du travail avec accord des trois agents du cavalier, la main, le corps et les jambes, dans la répétition constante de plusieurs figures équestres, en prenant pour guide la marche du *centre de gravité du cheval.*

Cette théorie se divise en deux parties qui comprennent : 1° *le travail des agents pro-*

prement dit ; 2° le travail du degré des agents.
L'étude de ces deux parties est indispensable
pour arriver à exécuter promptement, d'une
manière complète, le travail de l'école du cavalier à cheval.

Trois mois peuvent suffire pour conduire
l'homme de recrue de sa première leçon à
l'école d'escadron. Si, au bout de ce temps il
n'avait pas atteint les connaissances nécessaires pour arriver à ce résultat, on lui ferait
redoubler le troisième mois, pendant lequel
on l'exercerait sur les parties faibles de son
travail ; mais il n'est pas probable que cette
circonstance se présente, s'il n'y a pas eu des
raisons ou des cas particuliers.

Ce que nous disons pour l'homme de recrue s'appliquera également au jeune cheval
dont les progrès seront d'autant plus rapides
qu'il sera ménagé pendant le temps consacré
au dressage. En thèse générale, la leçon du
cheval de remonte doit avoir lieu au pas presque tout le temps, et sa durée proportionnée
à sa force réelle.

PREMIÈRE PARTIE.

LE TRAVAIL DES AGENTS PROPREMENT DIT.

Pour bien donner cette leçon et les suivantes, l'instructeur doit chercher à parler aux yeux du cavalier... L'argument *ad hominem* et *de visu* réveille, il tient le cavalier attentif; le simple débit endort.

Un cheval froid est amené devant les cavaliers; il est en bridon...; il a une selle avec étriers.

Division du corps du cheval.

L'instructeur explique aux cavaliers que le cheval se divise en deux parties: 1° l'avant-main qui part des naseaux, jusqu'au passage des sangles;

2° L'arrière-main, qui part du passage des sangles jusqu'à l'extrémité de la queue.

Il montre qu'au milieu du corps, à la jonction des deux parties et reposant sur chacune d'elles, se trouve la selle, qui reçoit le corps du cavalier.

Monter à cheval, étriers.—Cela dit, il fait monter un des cavaliers à cheval en se conformant aux prescriptions de l'ordonnance, avec cette différence qu'il lui fait prendre, dès les premiers jours, les étriers également d'après la manière indiquée... Mais, dans tous ces mouvements, il ne s'attache pas à la régularité de la position militaire du cavalier, qui ne doit l'acquérir que progressivement et comme conséquence de la bonne instruction première qu'il va lui inculquer.

En donnant les étriers dès la première leçon, c'est avec l'intention de les ôter aussitôt que le cavalier prend de l'assurance; on les lui ôte au pas d'abord, à la fin des reprises, et on finit par les lui enlever tout à fait au moins pendant la moitié de chaque reprise.

Il place une rêne de bridon dans chaque main du cavalier, et commence ainsi l'instruction.

Souplesse. — Le corps entier, c'est-à-dire toutes les parties qui le composent : la tête, le cou, les épaules, la poitrine, les bras, les poignets, les hanches, les cuisses, les genoux, les jambes, les pieds ne doivent présenter aucune force, et chacune de ces parties sera livrée sans effort au corps de l'animal sur lequel l'assiette du cavalier les retient.

Le corps doit donc tenir à cheval par la souplesse ; le cavalier qui mettra de la force n'aura ni grâce ni solidité.

Le poids seul du corps suffit pour tenir sur la selle, mais à la condition que, par sa bonne direction, chaque réaction du cheval tende à le fixer de plus en plus en élargissant la base de sustentation.

1° *Solidité ;* 2° *conduite du cheval.* — Deux études inséparables doivent être familières au cavalier ; chacune d'elles doit être indépendante de l'autre ; le cavalier divisera ses moyens d'action en deux parties : la première comprenant les *agents de la solidité,* la seconde les *agents de la conduite.*

Des agents de la solidité et de la conduite.

Les agents de la solidité ne peuvent être pris par le cavalier que dans les parties de son corps qui, par leur pression, n'attaquent pas la sensibilité de l'animal ; tandis qu'au contraire les agents de la conduite doivent rechercher la sensibilité qui doit établir le rapport constant du cavalier et du cheval.

Les premiers assurent la liaison des deux corps, l'*union physique ;* les seconds servent à établir l'*union morale,* sans laquelle il n'y a pas d'union physique possible.

Deux agents de la solidité. — Les parties du corps du cavalier qui remplissent la première condition sont naturellement les *cuisses* et les *genoux ;* de là deux agents de la solidité : et tous les deux reposent et se fixent sur la selle, suivant leur propre poids... Ils n'ont rien à faire tant que le corps n'est pas déplacé par une force soulevant un poids supérieur à celui du cavalier.

Force auxiliaire des agents de la solidité. — Si dans de certaines occasions le cavalier, pour tenir sur la selle, est obligé d'employer la force, il ne doit avoir recours qu'aux agents de la solidité, et encore ne doit-il y avoir recours que si la réaction du mouvement du cheval soulève un poids supérieur à celui du corps, utilisé par la bonne direction, un point fixe entre les deux oreilles et le liant le plus complet.

Si donc par la réaction le cheval soulève le cavalier, celui-ci, en suivant les conditions prescrites, retombera toujours en selle ; mais comme il ne doit pas bouger, il s'adresse à une force auxiliaire qu'il prend dans les agents de la solidité.

Exemple. — Si le corps pèse soixante-dix kilogr., et que la réaction soulève soixante-quatorze kilogr., la différence est de quatre kilogr.

Le cavalier aura, pour faire équilibre à la force de réaction qui le soulève, une pression de deux kilogr. par chaque genou ou la partie de la cuisse adhérente avec la selle, si la rotondité des cuisses empêche le secours des genoux.

Conditions de la solidité. — Le corps a reçu la position prescrite dans l'ordonnance (Voir n° 279). Les conditions de la solidité sont :

1° Le liant le plus complet dans toutes les parties du corps ;

2° Un point fixe entre les deux oreilles du cheval dès qu'il y a déplacement ;

3° L'inclinaison du corps un peu en arrière comme l'homme assis ;

4° Mouvement de relâchement du bas du corps dans toutes les réactions en rentrant le nombril ;

5° Proscription de tout mouvement d'extension dans les départs, les arrêts et les défenses du cheval.

Mécanisme des leçons.

Non-seulement l'instructeur parle lentement en donnant les explications précédentes ; mais il s'assure lui-même de la direction des cuisses, des genoux, du corps de l'homme, lui montrant, de manière que sa mémoire s'en saisisse, le point de départ des agents de la solidité et comment il doit prendre sa position pour utiliser le poids de la masse en totalité.

L'instructeur se reportera au questionnaire... Il ne doit pas multiplier à l'infini le nombre de ses questions ; nous l'engageons à rester dans le cadre qui lui est tracé et à ne l'étendre qu'autant qu'il trouvera chez le cavalier une intelligence très-développée.

L'instructeur ne commencera jamais une leçon sans avoir interrogé auparavant les cavaliers sur celles qui l'ont précédée.

Agents de la conduite.

L'instructeur explique au cavalier qu'il y a trois agents, pour conduire le cheval, en raison des trois moyens d'action de l'homme sur l'animal, par les points de contact et de communication, et *il lui montre comment*,

1° Les poignets sont en rapport avec la bouche par les rênes et le mors ;

2° Le buste, par l'assiette reposant sur le dos du cheval, est en rapport constant avec l'avant-main et l'arrière-main ;

3° Les jambes sont en rapport avec le corps du cheval par les mollets qui touchent à volonté les côtes de l'animal.

Il ne doit y avoir aucune force dans les agents de la conduite, mais le soutien naturel. Si le cavalier mettait une force quelconque en dehors de celle nécessaire à la conduite du cheval, il se fatiguerait inutilement et agirait sans discernement sur l'une des parties du corps de l'animal où se trouve le langage des deux êtres.

Si le cavalier se servait de l'un des agents de la conduite pour tenir à cheval, il attaquerait la sensibilité de l'animal et le provoquerait à la résistance ou à la fuite.

Les agents de la conduite ont chacun leur attribution particulière (Voir la *Théorie*, n° 286-287-288).

Mécanisme de la leçon.

L'instructeur n'entre pas avec le cavalier dans tous les détails ; il se contente des indications qui frappent sa vue et sa mémoire.

Le cavalier, ayant une rêne de bridon dans chaque main, fixe ses yeux sur l'instructeur qui est à pied, entouré des autres cavaliers également à pied ; il est là, ainsi que le cheval, pour exécuter fidèlement ce qu'on lui dit et pour servir de spécimen à ses camarades, qui lui succèdent à tour de rôle.

Deux forces principales régissent le corps du cheval. —Deux actions sont exécutées par le cavalier.

Mouvements partiels. — L'instructeur, après avoir recommandé la plus grande attention au cavalier, étend son bras gauche en avant, puis il le replie, en exécutant ces deux mouvements avec une grande lenteur. Il prend le bras d'un cavalier, le lui étend et le lui replie également. Vous avez, dit-il, une force représentée par une corde placée à la partie extérieure du bras pour l'étendre et une force placée à la partie intérieure pour soutenir le bras et l'empêcher de s'ouvrir trop vite. De même, quand vous voulez plier le bras, la corde de la partie interne tirant pour faire plier le bras, celle de la partie externe règle la fermeture du bras et empêche le bras et l'avant-bras de venir se frapper l'un contre l'autre.

Autre exemple. — Supposons que je vous pousse en avant la main droite sur votre épaule droite, sans que vous fassiez aucune résistance, cette épaule se portera en avant ; mais si en la poussant je la retiens avec ma main gauche placée à côté de la droite, le mouvement de l'épaule en avant se fait plus lentement que si je poussais sans retenir ; ou bien encore, il est arrêté tout à fait, si je tire avec autant de force que je pousse.

L'instructeur choisit un des exemples ou les donne tous deux, si c'est nécessaire. Il exécute avec un cavalier le double mouvement de pousser et de retenir.

Le cheval, comme l'homme, dans cet exemple, est toujours sous l'influence de deux forces, *une qui agit pour le mouvement, une qui soutient et qui règle.*

Il explique alors aux cavaliers que si le cheval porte la tête à droite, il est tiré à droite par des cordes situées à droite ; que s'il porte la tête à gauche, il est tiré par des cordes situées à gauche ; mais que du côté opposé se trouvent d'autres cordes qui soutiennent la tête et l'encolure pendant que le mouvement s'opère, et il ajoute en s'adressant au cavalier à cheval :

« Donnez un exemple de ce que je viens de dire. »

Tirez la rêne droite ; la tête de votre cheval et le corps vont aller à droite ; tirez maintenant et en même temps la rêne gauche avec moins de force que la droite ; vous le voyez, le mouvement s'opère toujours, mais moins vite ; augmentez l'effet de la rêne opposée, vous détruisez le mouvement à droite.

Conclusion.

Le cheval est donc constamment mû par deux forces :

L'une qui agit pour le mouvement ;

L'autre qui soutient et qui règle.

Ce que je viens de dire là pour l'encolure, je puis le dire pour tout le corps et chacun des membres ; exemple : Voilà le cheval qui élève la jambe en avant, ce sont les cordes extérieures qui la tendent.... le voilà qu'il la replie sur elle-même, ce sont les cordes intérieures qui la ramènent, et vous remarquez que le mouvement s'exécute avec facilité de la part de l'animal, parce que deux forces en règlent la mesure et l'étendue.

Mouvement d'ensemble.

Ce que je viens de dire, c'est pour les mouvements partiels du cheval ; examinons le *mouvement d'ensemble*.

Supposons qu'un cavalier pousse un cheval de bois en avant, qu'un autre le pousse en arrière, les deux hommes placés, l'un derrière et contre la croupe, l'autre devant les épaules et se faisant face l'un à l'autre.

Le cheval va en avant ou en arrière, suivant que la plus grande force est en arrière ou en avant.

Or, il en est de même des deux jambes postérieures et des deux jambes antérieures du cheval, chargées les premières de porter

3.

le cheval en avant par la détente des jarrets,
les secondes de le porter en arrière par la
détente des genoux.

Quand celles de derrière portent le corps
en avant avec plus de force que celles de devant en arrière, le cheval va en avant; lorsque c'est le contraire, le cheval va en arrière.

Ainsi il y a toujours deux forces qui régissent le corps du cheval dans chacune de ses
parties, comme dans l'ensemble; mais il est
ici un point important à signaler, c'est que
*tout corps ne sera pas mis en mouvement
sans être placé préalablement sur les ressorts
qui le poussent en avant.*

En effet, voici une dombelle (poids) que je
tiens à bout de bras; si je veux la lancer en
l'air, il faut que je ramène mon bras sur lui-
même pour permettre aux puissances du bras
de recevoir le poids avant la contraction; c'est
pourquoi un cheval n'ira pas en avant sans
avoir mis préalablement son corps sur les
jarrets; il ne tournera pas à droite sans s'être
d'abord porté à gauche, de même il ne tournera pas à gauche sans s'être d'abord porté à
droite; enfin il ne reculera pas sans avoir
mis d'abord son corps sur les épaules; car le
cheval va chercher instinctivement la force
qui doit le faire agir, et il reste toujours, quand
il l'a trouvée et pendant qu'il la prend, sous
l'influence de deux forces, une qui pousse,
une qui règle.

Conséquence.

Que conclure de tout cela?

Que le cavalier lié au cheval 1° par la main qui tient les rênes guidant la tête (avant-main), doit toujours avoir un effet de rêne qui soutient, et un autre qui met dans la direction.

Lié au cheval 2° par les jambes, doit toujours avoir un effet de jambes qui soutient et un qui détermine.

Lié au cheval 3° par l'assiette, doit toujours aller chercher avec le corps de l'animal les ressorts qui donnent le mouvement. Ajoutons, comme *conséquence du travail général dans la question d'équilibre*:

1° Que la main arrête la masse quand l'arrière-main pousse trop fort;

2° Que les jambes arrêtent la masse quand l'avant-main pousse trop l'arrière-main;

3° Que le corps placé entre les deux favorise tantôt l'une, tantôt l'autre, suivant l'équilibre de la masse pour le mouvement à obtenir.

Deux os forment la base de l'assiette du cavalier; ce sont les deux ischions.

En pesant sur l'un des deux, on agit sur un côté du cheval plus que sur l'autre;

En pesant également sur les deux, on agit également.

Travail pratique des trois agents.

Tout ce qui précède étant bien expliqué

par l'instructeur, entrons dans une pratique des plus serrées et donnons le travail de la main, du corps et des jambes.

1° *Les poignets. — Bridon (rênes séparées).*

La rêne du dedans détermine,
La rêne du dehors soutient et précède.

La main. — Bride (d'une seule main, en appuyant sur l'encolure).

La rêne du dehors détermine,
La rêne du dedans précède.

Les deux rênes soutiennent, tantôt l'une, tantôt l'autre, suivant la position de la tête et de l'encolure.

La main. — Bride (d'une seule main, par rêne directe).

La rêne du dedans détermine,
La rêne du dehors soutient et précède.

Indépendamment des effets de mettre *dans la direction et de soutenir*, c'est-à-dire de *régler*, la main a la mission de *laisser aller* ou d'*arrêter*.

(*Nota.* Voir les autres attributions de la main à la seconde partie de ce travail et à l'ordonnance elle-même, aux numéros des première et seconde parties qui traitent des rênes, du bridon et de la bride-filet.)

Il viendra un moment où l'on sentira la nécessité de mener plus souvent le cheval par l'emploi de la rêne directe...; à partir de ce moment; on modifiera la manière de tenir les rênes ; on mettra, par exemple, le doigt annulaire et le petit doigt entre les deux rênes de bride au lieu du petit seulement (mode française), ou de l'annulaire seulement (mode allemande) ; l'action sur la rêne du dedans s'obtiendra alors plus commodément.

2° *Les jambes.* — La jambe du dehors reçoit et maintient… elle précède.

La jambe du dedans détermine.

Les jambes ont des positions différentes sur le corps :

1° Aux sangles, 2° derrière, mais près des sangles, 3° plus en arrière des sangles.

Par pression elles rassemblent ou soutiennent.

Par sollicitation, elles déterminent et entretiennent.

Par frottement, elles s'opposent.

(*Nota.* Voir les autres attributions des jambes à la deuxième partie de ce travail et à l'ordonnance elle-même, aux numéros qui traitent des jambes et de leur emploi.)

3° *Le corps.* — *Quand on tourne à droite,* peser à droite.

Quand on tourne à gauche, peser à gauche.

Quand on rassemble son cheval, peser du côté opposé à celui où l'on va pour la préparation, et pour l'exécution du côté où l'on va pour la détermination.

Quand on part, peser d'arrière à la position normale.

Quand on arrête, peser sur les deux côtés à la fois, le corps en arrière.

Dans la défense, il faut contrarier le mouvement du cheval et revenir toujours à la position la plus normale, s'asseoir en se relâchant du bas de la ceinture.

Pour l'application de ces règles par le simple cavalier, l'instructeur doit se renfermer dans le questionnaire. Les questions plus développées que nous donnons ici sont pour lui seul; mais il a soin de décomposer le travail de chacun des agents, le faisant exécuter par chaque cavalier l'un après l'autre; et ce n'est que quand le travail d'un agent sur la partie qu'il gouverne a été bien compris et bien exécuté qu'il passe au second, qu'il fait exécuter avec le concours du premier.

Lorsque ces deux premiers sont bien compris, il remet à une autre leçon, si c'est nécessaire, l'application du troisième, ayant soin de répéter et de faire répéter la leçon jusqu'à ce qu'il se soit bien assuré que tous les cavaliers sont également pénétrés de ce travail et l'appliquent normalement.

Mécanisme de la leçon.

Chaque leçon exige une ou plusieurs séances, mais il ne faut pas en augmenter le nombre en s'appesantissant avec l'élève sur les petits détails de tenue, de précision. L'instructeur, en donnant chaque partie de la leçon, lui dit sans cesse : que l'homme souple dans toutes les parties de son corps arrive promptement à appliquer avec justesse et élégance tout ce qu'exige l'ordonnance.

Le travail des agents doit être largement fait, et nous allons donner le mode d'application pratique du travail des trois agents de la conduite, en les prenant séparément.

Travail des agents de la conduite seulement.

Après avoir donné les agents de la conduite et leurs fonctions, il est bon de connaître comment il faut les faire travailler par le cavalier. Pour cela, l'instructeur commencera par faire marcher et faire arrêter (n°s 289, 290, 291, 292 de l'ordonnance avec les modifications présentées); puis, les mouvements exécutés, il passe aux à-droite et à-gauche au pas (voir 293, 294, 304, 305, 306, 307, 308), mais il a soin de décomposer le mouvement ainsi qu'il suit :

Premier exemple. — Travail d'un agent. *Les poignets.* L'instructeur fait ouvrir la rêne droite en la tirant légèrement (si on ouvre sans tirer légèrement, le cheval ne sentira pas la sollicitation), soutenir la rêne gauche. — Pour le *mouvement contraire*, ouvrir la rêne gauche en la tirant légèrement, soutenir de la rêne droite.

Deuxième exemple. — Travail de deux agents. *Les poignets et le corps.* Ouvrir la rène droite en la tirant légèrement, soutenir de la rène gauche, peser sur le côté droit. Pour le *mouvement contraire*, ouvrir la rène gauche en la tirant légèrement, soutenir de la rène droite, peser sur le côté gauche.

Troisième exemple. — Travail de trois agents incomplétement. *La main, le corps, une jambe.* Ouvrir la rène droite en la tirant légèrement, soutenir de la rène gauche, peser à droite, fermer la jambe gauche à la troisième position. — *Mouvement contraire.* Ouvrir la rène gauche en la tirant légèrement, soutenir de la rène droite, peser à gauche, fermer la jambe droite à la troisième position.

Quatrième exemple. — Les trois agents *complétement.* Ouvrir la rène droite en la tirant légèrement, soutenir de la rène gauche, peser sur le côté droit, fermer la jambe gauche, troisième position ; fermer la jambe droite, seconde position. — Pour le *mouvement contraire*, ouvrir la rène gauche en la tirant légèrement, soutenir de la rène droite, fermer la jambe droite à la troisième position, fermer la jambe gauche à la seconde position.

Mécanisme de la leçon. — Tous ces mouvements, y compris marcher, arrêter, se font d'abord au pas, puis au trot, alternant d'une allure à l'autre ; mais avant de mettre le cavalier en mouvement, on lui fait faire le simulacre de chaque exercice en place, en ne passant de l'un à l'autre que quand le précédent est bien compris et bien fait.

Dans l'exécution, l'instructeur ne doit pas craindre de diriger l'action du cavalier : ainsi, pour lui faire appliquer avec accord le travail de chaque agent, il dira au cavalier, dans les contre-changements de main choisis comme exercices (et répétés deux, trois, quatre dans la longueur) : Ouvrez la rêne droite, fermez la jambe gauche, ouvrez la rêne gauche, fermez la jambe droite, et cela tant que ce n'est pas parfaitement exécuté, ou bien : Ouvrez la rêne droite, pesez à droite, ouvrez la rêne gauche, pesez à gauche, etc., etc., ayant soin de bien voir ceux des agents qui sont en retard, afin de les exercer de préférence aux autres.

Pour arriver à l'assouplissement de la colonne vertébrale dans toutes ses parties, il faut, dans ces exercices préparatoires, que le cheval reçoive une sollicitation directe et précise des trois agents qui doivent, pendant ce travail, avoir une application plus marquée que dans le travail pratique et normal de l'ordonnance.

C'est par cette persévérance et ce soin bien facile à prendre que le cavalier arrivera à un ensemble parfait dans l'accord des trois agents : la *main*, le *corps* et les *jambes*.

Application pratique du travail des agents de la solidité et de ceux de la conduite.
Travail simultané de tous les agents.

Comme il est possible que, dans les premières leçons, on soit obligé de donner au jeune soldat un cheval gai et vif, et qu'il faut l'accoutumer le plus tôt qu'on pourra à savoir résister aux défenses du cheval, l'instructeur, avant de faire l'application du travail des trois agents sur la ligne courbe, continue cette application pour la défense, comme il l'a fait faire sur la ligne droite pour le cheval docile.

Les chevaux pouvant s'arrêter inopinément, se cabrer, ruer, faire des sauts de mouton, etc., etc., il explique que le cavalier qui tombe de cheval, tombe presque toujours par sa faute, attendu qu'il est difficile de quitter la selle si l'on ne perd pas la tête.

En effet, le cavalier voit et sent toujours d'avance la préparation du bond que le cheval fera :

1° En regardant la tête du cheval ;
2° En conservant les rênes du bridon tendues ;
3° En étant bien assis ;
4° En ayant les jambes près.

Il voit donc *par ses yeux* et sent *par ses trois agents* ; car pour qu'un cheval se défende, il faut :

1° Qu'il s'arrête;

2° Qu'il prenne un point d'appui dans ses reins pour se rassembler;

3° Qu'il parte en déplaçant sa tête.

En effet, pour sauter en l'air, on ne peut le faire en restant debout les jarrets tendus.

Pour sauter, il faut, comme pour courir, que le corps entier de l'homme se rassemble.

De même, pour sauter par-dessus un obstacle ou en l'air, le corps s'arrête s'il est en marche, plie sur les jarrets, et le corps est lancé, la tête partant la première.

Par la même raison, le cheval ne peut ni courir, ni sauter, ni se défendre sans rassembler ses forces et revenir sur lui-même; par conséquent, il ne peut se défendre que de la manière suivante :

1° Il se cabre, la tête alors se lève;

2° Il rue, la tête se baisse;

3° Il se retourne à droite ou à gauche (tête à queue), la tête se porte alors à droite ou à gauche.

Mais avant d'exécuter un de ces mouvements :

1° Il s'arrête; 2° se rassemble; 3° la tête part la première.

Il ne faut pas croire que le temps d'arrêt du cheval soit de longue durée; il est si court que les cavaliers ordinaires souvent ne le sentent pas; mais il suffit que le cavalier soit prévenu: nous parlons en thèse générale, pour qu'il puisse agir utilement.

Aussitôt que le cheval s'arrête ou se rassemble, le cavalier doit :

1° Porter le corps en arrière ;

2° Fermer vigoureusement les jambes derrière les sangles (2ᵉ position) ;

3° Elever la main (ou les poignets) en l'avançant.

En portant le corps en arrière, le cavalier entre dans la selle, se met chez lui, assure *son assiette*.

Par la vigoureuse attaque des jambes, il empêche le cheval de prendre *son point d'appui* dans les reins, en le poussant en avant.

En avançant et élevant la main, il empêche l'animal *de ruer, de se porter à droite et à gauche* et, qui plus est, de se cabrer ; car le cheval ne peut se cabrer qu'en rassemblant ses forces, et il ne le peut pas, le cavalier l'attaquant vigoureusement et élevant la main.

Le cavalier a fait agir ainsi *les trois agents pour paralyser la défense* ou *la diriger*, si le cheval a été plus prompt que lui.

La théorie devant s'expliquer plus tard sur les défenses et les moyens de les paralyser, l'instructeur se borne à ces explications, qu'il répète souvent, surtout quand il peut prendre la nature sur le fait, c'est-à-dire qu'un des chevaux lui fournit lui-même la preuve de ce qu'il avance.

Il est de première nécessité, pour rendre

un cavalier solide, de lui faire comprendre que le cheval le soulevant dans toutes les réactions ou défenses, il doit entrer dans la selle à chaque résistance un peu forte de l'animal...

S'il prend la mauvaise habitude, comme beaucoup de cavaliers, de se grandir à chaque secousse de l'animal, il ne montera jamais avec grâce ni solidité : aussi l'instructeur exercera-t-il souvent les cavaliers sur ces trois exercices :

Départ. Mouvement de relâchement de la ceinture. Le corps légèrement en arrière, en avançant les poignets de bas en haut (les jambes agissant à la seconde position avec plus ou moins d'action).

Arrêt. Mouvement de relâchement de la ceinture. Le corps légèrement en arrière en rapprochant les poignets de bas en haut vers le corps (les jambes agissant à la première ou à la deuxième position, suivant la nécessité de l'équilibre au moment de l'arrêt).

Défense. Mouvement de relâchement de la ceinture. Le corps en arrière plus ou moins suivant la nature de la défense, en avançant les poignets de bas en haut (les jambes poussant le cheval en avant avec les jambes à la deuxième position).

Lorsque le cavalier exécutera bien ces trois mouvements, il aura fait un grand pas dans l'équitation pratique.

Observations relatives à la leçon du matin.

Dès la première leçon du matin, l'instructeur fait entrer l'homme de recrue dans le travail du cavalier à cheval, en se conformant aux prescriptions de l'ordonnance ; il doit l'y avoir préparé par la leçon théorique de la veille au soir ; ses progrès seront d'autant plus rapides, qu'ayant appris comment ses agents fonctionnent, il ne peut avoir aucune hésitation dans l'application, et comme conséquence , son cheval sera franc dans l'exécution.

Dans les leçons, l'instructeur s'occupera principalement de ce qui a rapport à la conduite du cheval, la solidité et la grâce du cavalier étant la conséquence de la souplesse et de la bonne distribution de ses forces. L'instructeur doit combattre chez le cavalier les irrégularités de tenue par la souplesse et jamais par la force.

L'homme souple se grandit malgré lui et sans effort dans l'exécution du travail ; dans le repos, il prend toujours facilement le soutien naturel. Chaque cavalier montant son propre cheval sera exercé avec la gradation et la division que nous allons donner. Si la leçon est d'une heure et demie, elle sera divisée en quatre parties d'un quart d'heure, avec dix minutes de repos entre chacune de ces parties.

Ces dix minutes seront employées à inter-

roger les cavaliers, à leur faire faire des mouvements d'assouplissement de corps, de bras
et de jambes, tels qu'on les a toujours faits
dans les régiments.

Si les chevaux sont dociles et les cavaliers
à leur aise à cheval, on fera déchausser les
étriers, puis les reprendre sans regarder le
pied, on les leur enlèvera tout à fait dès que
les cavaliers commenceront à se lier à leurs
chevaux, et que ceux-ci paraîtront les accepter avec plaisir, c'est-à-dire avec calme et
docilité. On fera décomposer le travail des
agents comme il est indiqué précédemment
dans la leçon préparatoire, se servant d'abord
de la main et du corps, puis de la main et
du corps avec la jambe du dehors... et enfin
des trois ensemble... et on veillera surtout à
ce que chaque agent fonctionne plutôt avec
exagération qu'avec mollesse ou timidité.

Division du travail et du temps.

Premier quart d'heure. — Pendant les
premiers jours, en ligne droite avec l'emploi
des trois agents:

Marcher, n° 289.

Arrêter, n° 291.

Changement diagonal, n° 332.

Dix minutes de repos. — Interroger les
élèves, lâcher les étriers, mouvements du
corps, de bras, de jambes, comme assouplissement, ainsi que MM. les instructeurs les
font exécuter.

Second quart d'heure. — 1° Cavalier à droite et à gauche,

2° Contre-changements de mains diagonaux ;

3° Deux contre-changements de main diagonaux ; et quand le cavalier en exécutera bien deux, on lui en fera exécuter quatre dans la longueur du manége.

Dix minutes de repos. — Comme précédemment.

Troisième quart d'heure. — Revenir au premier exercice, marcher, arrêter, changer de main.

Dix minutes de repos. — Comme précédemment.

Quatrième quart d'heure. — Revenir au second exercice du second quart d'heure.

Il faut, pendant les huit premiers jours , répéter toujours les mêmes mouvements ; et ce n'est qu'après ce laps de temps, lorsqu'on voit que chaque cavalier fait un emploi exact de ses trois agents, qu'on entre complétement dans tous les mouvements de la théorie, et particulièrement du travail individuel.

SECONDE PARTIE.

TRAVAIL DU DEGRÉ DES AGENTS.

Du Degré des agents. — Facultés intellectuelles. — Organes des sens. — Puissances musculaires.

L'instructeur énumère au cavalier ce qu'il connaît déjà :

1º La position de l'homme à cheval ;

2º La division du corps du cheval ;

3º Le rôle des agents de la solidité ;

4º Le rôle des agents de la conduite ;

5º La manière de résister à première vue aux défenses du cheval.

Cette récapitulation des connaissances acquises par le cavalier est bonne à lui mettre de temps en temps sous les yeux, attendu qu'elle exerce sa mémoire sur chaque point de son travail et dans l'ordre qu'il doit les appliquer. Le cavalier est satisfait et fier de se savoir aussi instruit, et son désir d'apprendre se développe chaque jour de plus en plus.

Du degré des agents.

Après lui avoir ainsi rappelé qu'il commence à se rendre maître des mouvements du cheval, l'instructeur doit lui indiquer *sommairement* et le plus élémentairement possible que le cheval est doué, comme lui, de facultés intellectuelles qui dirigent ses actions ; que ces facultés, quoique moins étendues que les siennes, n'en ont pas moins une puissance telle, que le cavalier se trouve obligé de les connaître ; qu'il ne suffit pas de savoir conduire le corps de l'animal, qu'il faut savoir être maître de sa volonté, afin de n'avoir pas à lutter avec lui ; or, l'instructeur ne doit pas ignorer que la volonté du cheval s'obtiendra sans contrainte si, dans l'application du travail des agents, le cavalier sait mettre le degré voulu de *sollicitation* ou *d'opposition*.

L'observation du degré n'est pas une condition première du succès, comme l'observation du travail de l'agent, celui-ci seul amène le positivisme de l'instruction par l'exactitude de chaque mouvement ; mais le degré est l'âme, est la vie du mouvement ; sans son observation, le cheval exécutera, mais il sera mou ou vif, colère ou calme, son travail sera exact, rigoureusement parlant, mais l'animal mettra dans son instruction le double du temps nécessaire, et souvent son moral surexcité amènera l'usure des membres, en raison de l'inobservation continuelle du degré voulu pour le mouvement et le désir permanent de se soustraire à la dureté du travail des agents.

Malheur alors au cavalier qui, avec la brutalité, n'aura pas la force ! car le cheval profitera de sa première faute pour échapper à celui des agents qui ne lui présentera pas un obstacle invincible.

Tout mouvement militaire doit être obtenu par la volonté commune du cheval et du cavalier.

Le premier doit entrer avec plaisir dans chaque mouvement comme dans un élément qui lui est familier ; le second, entièrement à son devoir, doit, en raison de la grande habitude qu'il a de se servir de ses agents de conduite et de solidité, profiter du mouvement sans avoir besoin de s'en occuper pour l'obtenir, car le militaire ne doit être envisagé que sur le champ de bataille.

Il est dès lors intéressé à se faire de son cheval un ami dont il est chargé d'éclairer la conduite, et non à s'en servir comme d'un instrument sans intelligence.

De la tête du cheval par rapport au degré.

L'instructeur fera remarquer au cavalier qu'il sait déjà que la tête du cheval part la première dans toutes les défenses et dans tous les mouvements d'ensemble, et qu'elle donne la direction au corps entier.

Si la tête part la première, c'est qu'elle y est forcée :

1° Par la place qu'elle occupe ;
2° Par son poids et celui de l'encolure ;

3° Par son contenu.

Située en avant du corps proprement dit et le dominant, la tête, par sa position et la souplesse de l'encolure, s'éloigne des épaules ou s'en rapproche à volonté, regarde à droite ou à gauche, en haut ou en bas ; et comme elle présente un poids au bout d'un bras de levier, qu'elle contient autour et dans les cavités de sa boîte osseuse les cinq organes des sens, qu'elle renferme dans le cerveau les facultés intellectuelles, elle est là, on peut le dire, pour assurer la précision du travail de la masse, c'est-à-dire le degré.

Ainsi, lorsque l'arrière-main a besoin d'être favorisée dans son effort, on voit l'encolure s'allonger et la tête portée en avant par ce mouvement; mais si au contraire l'animal veut retarder la vitesse de la masse, il courbe son encolure, rapproche la tête des épaules. — Cette dernière est donc là pour assurer la précision du travail de la masse, c'est-à-dire le degré.

Le cavalier qui veut régler le travail de ses agents doit donc étudier comment la tête est régie sous le rapport anatomique, mathématique et physiologique.

Les deux premières sciences nous ont guidé dans la première partie, la physiologie est le foyer des lumières qui nous éclaireront dans la seconde.

LES FACULTÉS INTELLECTUELLES sont au nombre de sept : la volonté, l'instinct, l'intelli-

gence, l'expression, la sensibilité, la contractilité, la mémoire.

LES ORGANES DES SENS sont au nombre de
cinq : la vue, l'ouïe, le tact, l'odorat, le
goût.

Mécanisme de la leçon.

L'instructeur saura qu'il est très-facile
d'apprendre au cavalier, dans le cours de
trois mois, tout ce qu'il lui importe de savoir
sur la physiologie du cheval ; il ne faut pas
lui réciter ce que nous allons exposer ici, mais
avoir le tact de le lui dire partiellement, *en
saisissant chaque occasion de lui fournir un
exemple frappant.*

L'instructeur se pénétrera donc du rôle qu'il
est appelé à jouer *dans la double instruction*
qu'il va faire ; choisi pour apprendre au cavalier qu'il doit exister entre son cheval et lui
une union intime et constante (union morale,
union physique), il s'attachera à lui faire
comprendre qu'ayant une intelligence supérieure à celle du cheval, *il va être chargé de
le dresser* (cette observation doit être faite), et
qu'il existe chez le cheval deux forces morales
qu'il produit sans cesse.

Instinct.

1° *Une involontaire* appelée *instinct*, qui se
manifeste par des résistances, quand le cheval ne comprend pas et qu'il est brutalisé.
Cette force intérieure l'excite à résister à tout

ce qui le contrarie, et il résiste sans réfléchir, malgré lui, du premier mouvement. — *Exemple :* Un cavalier arrive derrière un cheval sans être vu, il le frappe ; le cheval donne à l'instant un coup de pied ; c'est l'instinct qui l'excite à frapper à son tour.

Intelligence.

2° *Une volontaire* appelée *intelligence*, qui vient éclairer l'animal sur l'intention du cavalier, sur l'avantage d'une chose comparativement à une autre ; c'est la faculté innée chez le cheval de pouvoir comparer une chose avec une autre. — *Exemple :* L'homme qui a frappé le cheval revient le lendemain à l'écurie et s'en approche sans lui rien dire, l'animal couche les oreilles en arrière, ses yeux se dilatent, ses narines et ses joues se plissent, et tout à coup il s'élance sur l'homme, qu'il cherche à frapper ; ce n'est plus l'instinct qui le guide, c'est l'intelligence.

L'instructeur voit que dans cet exemple se trouve le travail de toutes les facultés intellectuelles du cheval.

La veille il a frappé *instinctivement*.

Le lendemain, c'est l'*intelligence* qui lui a fait combiner l'attaque contre l'homme qu'il a reconnu.

Cherchant à s'expliquer la série du travail du cheval, afin de se familiariser avec les questions physiologiques, l'instructeur remarquera que le cheval frappé par l'homme a été attaqué dans la *sensibilité* par le coup qui l'a porté à rendre instinctivement un coup de pied.

Le lendemain, en revoyant l'homme, le cheval l'a reconnu par le fait de sa *mémoire;* mais l'homme a eu le temps de se mettre à l'abri du coup s'il a regardé l'animal qui a couché les oreilles en arrière, plissé les narines, les joues, dilaté ses paupières, etc.; ces marques bien apparentes de sa colère ont été vues par le fait de l'*expression.*

Or, le cheval n'aurait pu frapper sans deux autres facultés : la première, celle d'exécuter ce qu'il veut, c'est-à-dire *la volonté ;* la seconde (la dernière qu'il nous reste à signaler) la *contractilité,* faculté qui permet à l'animal de se servir de ses puissances musculaires (contraction).

Rôle des organes des sens à l'égard du cerveau du cheval.

C'est par les organes des sens que le *cerveau* a éprouvé l'impression du coup que le cheval a reçu de l'homme. Ainsi l'homme a frappé sur la peau, *organe du tact*, qui, par les nerfs, a prévenu le cerveau de l'animal. Le lendemain, c'est *la vue*, ce sont les yeux qui ont prévenu le cerveau par les nerfs préposés aux transmissions des impressions; et peut-être *les oreilles* ont-elles entendu l'homme arriver.

Comme conséquence, nous voyons :

1° *Que les organes des sens ont prévenu l'animal;*

2° *Que les facultés intellectuelles ont agi pour mettre à couvert le cheval contre les attaques de l'homme;*

3° *Mais qu'aussi ce dernier a été averti par l'expression qui trahit le cheval dans toutes ses actions.*

Mécanisme de la leçon.

L'instructeur n'entrera pas dans tous ces détails, qui sont pour lui seul ; il se contentera de parler au cavalier des trois facultés : *l'instinct, l'intelligence, l'expression,* comme celles que le cavalier doit principalement étudier, la connaissance des quatre autres étant tellement facile, que le cavalier les apprendra de lui-même pour peu que ses chefs y mettent de la complaisance.

Exemple. A-t-il la main dure ? l'instructeur lui dira : Vous attaquez la sensibilité de la bouche. Le cheval revient-il souvent sur une même défense ? il lui dira : Vous voyez que le cheval a de la *mémoire,* qu'il a une *volonté,* qu'il tient à ses idées autant que vous.— Le cheval est-il mis sur les jarrets brusquement, inutilement ? vous fatiguez le cheval, vous usez les membres, ménagez la *contractilité,* en n'attaquant pas si fortement la *sensibilité!*

C'est par de sages avis dits à propos et sans emportement, qu'il instruira peu à peu le cavalier et veillera à la conservation du corps et des membres de l'animal.

Voici deux tableaux qui pourront aider l'instructeur dans le cours de ses travaux.

On entend par *faculté…* la puissance physique ou morale qui rend un être capable d'agir de certaine manière, de produire certains effets.

INSTINCT, force intérieure (*faculté involontaire*) qui fait aimer ou détester une chose ou un être, adopter ou repousser, qui fait naître la colère ou le plaisir, etc. — *Exemple* : un cheval frappe instinctivement l'objet qui lui fait mal ; il ne le connaît pas, il le fuit, et cela sans calcul, involontairement ; il court après les objets ou choses qu'il aime et qu'il connaît.

Conséquence. — Ne pas le corriger sans l'avoir éclairé auparavant.

L'INTELLIGENCE, *faculté volontaire* qui fait distinguer au cheval l'avantage d'aimer ou de détester une chose ou un être, qui apprend à démêler ce qui est avantageux, à fuir ou à approcher.

Exemple. — Le cheval frappe par instinct, et si cela lui réussit, et qu'il s'en aperçoive, il a l'intelligence de recommencer, et il ne cessera que si le châtiment dépasse la satisfaction de frapper….. Ainsi, par son intelligence le cheval peut s'arrêter dans son action, s'il y trouve avantage ; le mouvement instinctif part malgré lui.

Conséquence. — Se rendre l'ami du cheval

en n'offensant jamais sans nécessité les cinq organes des sens.

LA MÉMOIRE, faculté qui rappelle les actes du passé et qui permet au cerveau de juger ce qui lui a servi précédemment. *Exemple* : le cheval se rappelle un châtiment devant la chambrière ; celui de l'éperon lui remet dans la mémoire qu'il doit écouter l'avertissement du gras de la jambe. Il évite l'objet qui lui a fait mal ; il classe le travail dans sa tête et finit par le répéter avec exactitude (les chevaux de cirque).

Conséquence. — Ne jamais demander au cheval une chose sans s'être assuré qu'il la connaît, et la lui décomposer, s'il ne la connaît pas, suivre la gradation présentée par l'ordonnance pour le dressage et la conduite du cheval, et on ne froissera jamais la mémoire de l'animal.

LA SENSIBILITÉ , faculté qui permet d'éprouver la douleur, la gêne, la contrainte... Un cheval est plus ou moins impressionnable, a les barres plus ou moins sensibles, et c'est en raison du nombre plus ou moins grand de papilles nerveuses à découvert dans une partie de l'animal, par rapport à une autre, qu'il est plus ou moins sensible dans un endroit que dans un autre.

Conséquence. — Avoir les sollicitations douces, les oppositions calculées sur la résistance, afin d'éclairer le cerveau de l'animal et ne pas apporter le trouble en froissant sa sensibilité.

LA CONTRACTILITÉ, faculté qui permet de faire contracter la puissance musculaire ; ainsi le cheval rue en vertu de la contractilité.

Conséquence. — Pour avoir la contractilité nécessaire, il faut mettre le cheval dans la position voulue pour le mouvement et ne pas froisser inutilement la sensibilité.

LA VOLONTÉ, faculté de faire ce qui convient. Le cheval a la volonté de refuser ou d'exécuter un mouvement, et il le refuse si on ne le met pas dans la position voulue pour l'obtenir ; il rue, il se cabre, il retient ses forces, etc., etc., par le fait de la volonté.

Conséquence. — Ne pas offenser inutilement les facultés intellectuelles et les organes des sens qui sont les satellites du cerveau ; et on aura la volonté qu'on désire pour peu qu'on ne s'écarte pas des règles de l'ordonnance, qui, pour être bonnes, doivent être basées sur le système nerveux de l'animal.

L'EXPRESSION, faculté qui permet au cheval d'exprimer ce qu'il éprouve ; elle fait voir, d'après le travail des organes, ce que le cheval ressent intérieurement. *Exemple* : le cheval a-t-il peur? ses yeux s'ouvrent, parfois s'injectent de sang, ses oreilles pointent vers l'objet de sa frayeur, il retient ses forces ; veut-il trapper? ses oreilles se couchent en arrière...

Le cheval a *deux genres d'expression*.

L'une, qui se voit par les *cinq organes des sens*.

L'autre, qui se voit par le retard de la masse en tout ou en partie, et ce sont les *organes de la force* qui sont ici les acteurs de l'expression qui part toujours du cerveau de l'animal. — Le cheval a peur, il retient ses forces ; — il est fatigué, il les retient encore ; — il veut se débarrasser du cavalier, il rue, il se cabre, etc., etc. — Mais l'expression venant du travail de la masse ou d'un membre quelconque, est toujours précédée de l'expression par les cinq organes des sens : aussi appellerons-nous la première *morale*, et la seconde, qui en est le résultat, *physique*.

Conséquence. — Le cheval exprime toujours, d'une façon ou de l'autre, ce qu'il veut faire, et on voit chez lui, d'après le travail des organes des sens, le reflet de sa pensée, le plaisir ou la souffrance, la confiance ou la méfiance, et d'après le travail des organes de la force, déplacement de la masse ou absence d'impulsion : aussi faut-il toujours, pour se rendre compte des deux genres d'expression, ne pas oublier les conditions suivantes de sûreté :

1° *Regarder la tête pour voir le travail des organes qui s'y trouvent et son déplacement ;*

2° *Remarquer par la main, les jambes et l'assiette, les impressions vives ou lentes du cheval.*

Pour arriver à l'harmonie des facultés intellectuelles du cheval avec les siennes, le cavalier apprendra à parler aux cinq organes des sens.

Second tableau.

ORGANES. — Les organes sont des parties d'un corps organisé qui remplissent quelques fonctions nécessaires ou utiles à la vie, comme l'œil, l'oreille, les muscles qui sont les organes du mouvement, etc., etc.

Organes des sens.

La vue, que le cavalier doit capter, regardant le cheval avec bienveillance ou avec sévérité quand cela est nécessaire, le familiarisant, avant de s'en servir, avec la chambrière, la cravache, la jambe, etc., faisant tout voir de face à l'animal, si c'est possible.

L'ouïe. Le cavalier aura la voix douce, et quand il l'aura sévère, que ce soit forcé et contraint, car le nerf auditif est aussi impressionnable que le nerf optique ; le cavalier accoutumera le cheval au bruit du tambour, des feux, etc.

Le tact. Il faut mettre en contact un agent ou un aide avec la peau avant d'agir sur elle, ne pas attaquer cet organe mal à propos, *surtout* les endroits très-sensibles, comme les barres ; caresser et toucher souvent le cheval sur tous les points qui sont en rapport avec les jambes, car le tact est l'organe le plus puissant chez le cheval pour l'équitation, et il ne doit pas être trop impressionnable chez le cheval de guerre; il faut lui enlever toute fausse sensibilité.

Le goût. On peut flatter quelquefois cet organe, mais sans abus. Le cheval est très-friand, il aime les carottes, le pain, le sucre; mais il devient insupportable quand on excite trop cet organe; il ne faut donc pas lui donner de friandises sans un intérêt bien marqué, et toujours comme récompense.

L'odorat. Faire flairer au cheval les objets qu'on mettra en rapport avec lui, éviter que la nourriture ait une odeur ou ait touché quelque corps malpropre, etc. Quand un cheval a soufflé sur un objet, il n'en approche plus; quand il a soufflé sur une nourriture, il n'en veut plus.

Mécanisme de la leçon.

Dans le *Guide de l'ami du cheval,* nous avons donné plus de développement à ces questions, et nous y renvoyons l'instructeur qui tient à les étudier plus complétement. Il doit chercher à s'initier au travail des facultés intellectuelles et des organes des sens, études d'observations journalières qui lui permettront, dans le cours de l'instruction, d'éclairer le cavalier sur le point de départ des résistances du cheval, mais il le fera sans entrer dans des détails superflus. Il s'attachera particulièrement à lui faire connaître les élans de l'instinct et de l'intelligence, les différentes actions de l'expression, — enseignement qui le rendra doux et patient, et sera pour lui d'un très-vif intérêt.

Dans le dressage, *l'instinct tend à résister au cavalier, tandis que l'intelligence dispose le cheval à l'obéissance.*

En supposant que l'instructeur se trompe quelquefois dans son appréciation, la faute ne sera pas nuisible au service militaire, toute recommandation de sa part devant être de commencer toujours par la douceur avant d'arriver à la sévérité.

L'instructeur, après avoir fait comprendre au cavalier ce qui amène chez le cheval la volonté qui donne tous les mouvements, établira en dernier lieu le jeu des puissances musculaires dans tous les mouvements, ce qui lui permettra de les produire ou de les annihiler avec plus de facilité et d'être exact dans l'appréciation du mouvement partiel comme dans celui d'ensemble.

Puissances musculaires. — Ramener.—Rassembler. Ruades. — Cabrades, — Extenseurs. — Fléchisseurs.

Nous avons dit que deux forces régissent le corps du cheval dans tous les mouvements d'ensemble ou partiels ; que deux actions principales étaient exécutées par le cavalier pour obtenir les mouvements. L'instructeur doit maintenant lui faire connaître les puissances et lui en expliquer l'usage.

Il se place devant les cavaliers, à côté d'un cheval tranquille, et reprenant la démonstration de la première leçon (2ᵉ partie).

Il étend son bras droit de toute sa longueur le plus lentement possible.

« La corde qui étend mon bras, dit-il, et qui part du poignet, passant par le coude pour se rendre à l'épaule, du côté externe, s'appelle *extenseur*. »

Puis il ramène le bras lentement en le pliant sur lui-même jusqu'à l'épaule, côté interne ; « la corde qui fait fléchir l'avant-bras sur le bras s'appelle *fléchisseur*. »

Cela dit et compris par le cavalier, il étend en avant l'une des jambes antérieures du cheval et fait remarquer que la corde extérieure qui tend la jambe s'appelle *extenseur*, que celle qui la ramène pour la plier s'appelle *fléchisseur*.

Passant à une des jambes postérieures, il fait observer que quand la jambe se porte en arrière, c'est l'extenseur qui agit, et que si la jambe est ramenée sous le corps, c'est par le fait du fléchisseur.

Parcourant ensuite tout le corps du cheval, chaque partie l'une après l'autre, il montre que tous les extenseurs sont situés sur la surface extérieure de chacune des parties du corps, et que ce sont eux qui donnent tous les *mouvements enlevés de terre* : le saut, la ruade, la cabrade, etc., etc.; que tous les fléchisseurs sont situés sous le côté interne de chaque partie du corps et qu'ils produisent tous les mouvements de *rassembler*.

Il n'existe pas un cavalier, quelque faible de raisonnement qu'il soit, qui ne parvienne à comprendre ce mécanisme si simple, et que l'instructeur peut montrer : 1° pour les fléchisseurs, en rassemblant son cheval ; 2° pour les extenseurs, en le mettant à la position campée.

Il fait remarquer que quand les extenseurs agissent, les fléchisseurs soutiennent, comme pour la ruade, la cabrade, les extensions de membres, et que quand les fléchisseurs agissent à leur tour, les extenseurs soutiennent.

Le travail des puissances musculaires peut se résumer en quelques mots pour la pratique du cavalier militaire.

Si la tête se baisse :
Les fléchisseurs du cou se contractent ;
Les extenseurs du cou se relâchent et règlent.

Si le cheval étend la jambe antérieure en avant :
Les extenseurs de la jambe se contractent ;
Les fléchisseurs de la jambe se relâchent et règlent.

Si le cheval étend la jambe postérieure en arrière :
Les extenseurs de la jambe se contractent ;

Les fléchisseurs de la jambe se relâchent et règlent.

Si le cheval plie une jambe antérieure :

Les fléchisseurs de la jambe se contractent;

Les extenseurs de la jambe se relâchent et règlent.

Si le cheval plie une jambe postérieure :

Les fléchisseurs de la jambe se contractent;

Les extenseurs de la jambe se relâchent et règlent.

Si le cheval se campe :

Les extenseurs du corps, de l'encolure et des membres se contractent;

Les fléchisseurs du corps, de l'encolure et des membres se relâchent et règlent.

Si le cheval se met au ramener :

Les fléchisseurs de l'encolure se contractent;

Les extenseurs de l'encolure se relâchent et règlent.

Si le cheval porte la tête au vent :

Les extenseurs de l'encolure se contractent;

Les fléchisseurs se relâchent et règlent.

Si le cheval se rassemble :

Les fléchisseurs du corps, de l'encolure et des jambes se contractent;

Les extenseurs du corps, de l'encolure et des jambes se relâchent et soutiennent.

Si le cheval rue :

Les extenseurs de la colonne vertébrale et des jambes antérieures et postérieures se contractent en tirant la croupe vers la tête qui s'abaisse; les fléchisseurs des mêmes parties se relâchent et règlent.

Si le cheval se cabre :

Les extenseurs de la colonne vertébrale, des reins et des jambes postérieures et antérieures se contractent en tirant la tête vers la croupe, devenue point d'appui avec le sol.

Dans ces deux défenses, le cheval rassemble ses forces avant de commencer la défense; si donc le cavalier peut empêcher le *rassembler*, il paralyse la *ruade* ou la *cabrade*.

Le *bridon* et le *filet* agissent sur les *extenseurs*.

La *bride* sur les *fléchisseurs*, pourvu que la main soit douce ou fonctionne par opposition, pour que le cheval comprenne que, dans ces mouvements de la main ainsi réglée, il a avantage à obéir au cavalier pour s'éviter une plus grande douleur.

La main agit sur les fléchisseurs ou les extenseurs suivant sa position, son genre d'action et le mors qu'elle fait agir. Les jambes agissent sur les fléchisseurs directement et sur les extenseurs indirectement quand la position est donnée pour cela.

Les fléchisseurs commencent toujours l'action dans les mouvements d'ensemble; les extenseurs l'exécutent.

Dans le rassembler qui précède *les mouvements d'ensemble*, les extenseurs soutiennent en se relâchant, mais pour partir avec une force d'autant plus grande, quand le rassembler est opéré.

Dans les *mouvements partiels*, c'est différent : les muscles *fléchisseurs* et les *extenseurs* commencent indifféremment, suivant les besoins du mouvement, tantôt les uns, tantôt les autres.

Conséquence. — L'attention du cavalier est de voir le travail des extenseurs et des fléchisseurs dans un mouvement, afin de favoriser ou de paralyser l'action des uns et des autres, ce qui est facile pour tout cavalier, car il suffit, pour favoriser un mouvement :

1° De mettre le cheval dans la position voulue pour le mouvement ;

2° De lui communiquer l'action nécessaire (l'ordonnance en donne les moyens).

Pour neutraliser le mouvement, il suffit :

1° De s'opposer par la main, le poids du corps et les jambes à la défense du cheval ;

2° De communiquer l'action au cheval dans la position contraire à celle qu'il veut prendre, ou enfin, si le cheval a le dessus, de diriger le mouvement par une vigoureuse attaque de jambe qui l'empêche de se produire sur place, ce qui est toujours dangereux ; la première condition du bon cavalier étant de savoir pousser le cheval en avant.

Mécanisme de l'application générale.

Il ne suffit pas seulement à MM. les instructeurs pour lesquels cette instruction un peu étendue est écrite, de donner le travail des agents de la solidité et de la conduite, mais ils doivent étudier tout ce qui en facilite l'application, afin de pouvoir diriger l'instruction du cavalier.

D'eux seuls dépend le plus ou moins de progrès moraux et physiques du cavalier et de son cheval ; on ne saurait donc trop s'attacher à former de *bons instructeurs*, et c'est particulièrement pour eux que cette *Théorie de la centaurisation* est faite.

Le questionnaire *suffit à lui seul pour l'instruction du cavalier de recrue*, dont on ne doit jamais charger la mémoire.

Aides.—Agents.—Secours employés.

On appelle *les aides* en équitation *la main et les jambes*, et cependant le mot *aide* voulant dire *secours*, *assistance*, devrait s'employer pour désigner les instruments de dressage, comme l'éperon, la cravache, le caveçon, la chambrière, ainsi que pour désigner la voix, le sifflet, le geste, qui viennent réellement en *aide* au travail de la main et des jambes.

Je crois donc que tout ce qui n'a pas un rapport constant avec le cheval et qui n'amène qu'un effet momentané de secours, ne peut être confondu avec des moyens d'action permanents, comme la *main* et les *jambes*, et que le mot *aide* doit être remplacé par celui plus significatif d'*agent*.

Ainsi, j'appelle agent, en équitation, tout ce

5.

qui a un rapport constant avec l'animal (bien
ou mal employé), et qui produit toujours un
effet quelconque d'action ; on peut laisser de
côté les éperons, la cravache, la parole, la
voix, le sifflet, le geste, etc., etc., mais le
cavalier ne peut se séparer ni de ses cuisses,
ni de ses jambes, ni de ses mains, ni du poids
de son corps, qui agiront tous dans un sens
régulier ou irrégulier, mais qui auront toujours une action utile ou nuisible.

De là , agents de la solidité : *cuisses* et *ge-*
noux ;

Agents de la conduite : la *main*, le *corps*,
les *jambes*.

Les secours sont : l'éperon, la cravache, la
chambrière, la voix, le sifflet, etc., etc.

Le secours ne peut être qu'un châtiment,
une récompense ou un avertissement ; c'est
l'*agent* qui parle au cheval, c'est le *secours*
qui tient en éveil l'attention quand l'agent
est insuffisant.

Considérer le cheval comme un bloc d'ar-
gile qu'on presse, qu'on étend, qu'on diminue
sans résistance, serait le comble de l'igno-
rance et de la cruauté, ce serait vouloir rui-
ner ce noble animal et lui ôter, surtout au
point de vue militaire, l'initiative qu'il lui est
indispensable de conserver dans les obstacles
qui se présentent à chaque instant en campagne ; et combien de cavaliers n'ont-ils pas
dû leur salut à l'emploi judicieux que le cheval sait faire de ses facultés morales et phy-

siques dans un moment suprême ! Laissons
donc à l'école de campagne l'étude qui lui est
propre et éloignons le cavalier militaire de
tout ce qui concerne particulièrement l'étude
des difficultés de la haute école, difficultés
réservées aux écuyers militaires qui doivent
tout connaître, afin d'être en état de juger
par eux-mêmes de l'étendue des connaissances
à transmettre au simple cavalier. — Cela dit,
voici quelques considérations sur les aides :

La voix de l'homme est un secours puissant ; douce, elle arrive au nerf auditif sans
apporter de trouble au cerveau, et elle calme ;
dure ou bruyante, elle porte la confusion ou
la frayeur.

Il est donc nécessaire de parler souvent au
cheval en dressage et avec douceur.

L'appel de langue, donné faiblement ou
avec force, remplace utilement l'approche des
jambes ; un cheval trop sensible à ces dernie-
res répond quelquefois plus vite et plus régulièrement à l'appel de langue ; un cheval
rebuté par les jambes également.

Le sifflet est un secours rarement employé et
qui souvent produit des effets extraordinaires ;
doux, il calme l'irritabilité du cerveau ; vif et
pénétrant, il l'anime et l'excite. On tire un
très-grand parti du sifflet sur les chevaux
nerveux en dressage.

Nota. — Ces trois langages presque négli-
gés, surtout dans l'état militaire, sont, suivant nous, indispensables à connaître, car

bien employés, ils peuvent sauver un homme en décidant un cheval qui refuse de se porter en avant, ou pour faire reculer celui qui ne le veut pas.

On dira peut-être qu'un cheval de guerre étant dressé n'a jamais besoin de ces moyens d'action ; il est facile de répondre que le cavalier en campagne peut être obligé de prendre *le premier cheval venu*, il doit donc connaître tous les moyens qui sont en son pouvoir. Il est bon d'ajouter aussi que le cavalier doit siffler aux oreilles de son cheval ou lui parler sans que rien ne soit appréciable à l'extérieur, ni le mouvement des lèvres, ni le son, car on ne se fait pas une idée de la sensibilité du nerf auditif ; le cheval entend mieux un son que la personne à l'ouïe la plus fine. Il est inutile de parler ici des instruments de dressage, ni de l'éperon, que la *Théorie* envisage sous son principal aspect, c'est-à-dire comme un châtiment.

Connaissance du degré dans le travail des agents.

L'instructeur, auquel je m'adresse tout particulièrement, sachant combien le nombre d'excellents maîtres abonde dans l'armée, *fera remarquer* que le degré d'application dans le travail des agents de la solidité et de la conduite ne s'acquiert que par l'exercice et avec le temps, mais qu'il est utile d'étudier comment on se prépare *à profiter* des leçons de l'expérience que donne la pratique.

Il fait observer au cavalier que, connaissant déjà le degré de force à employer par les agents de la solidité, degré représenté *par une force égale* à la différence qui existe entre son poids et le poids soulevé par l'effort du cheval, il ne doit s'occuper ici que des agents de la conduite.

1° *La main* a plus ou moins de force ou plus ou moins de douceur dans la sollicitation qui commence toujours doucement. — Son opposition se règle sur la résistance du cheval : *elle doit être égale à celle du cheval, jamais supérieure.*

Si la résistance devient trop forte, le cavalier change de *point d'appui*, soit en prenant le filet, soit en sciant du bridon si le cheval est en bridon, soit en faisant sentir une rêne plus que l'autre, en bride ou bridon ; et comme le militaire, à cause du sabre, est toujours obligé d'avoir la main droite libre, il doit savoir que la main gauche peut faire une opposition sur une seule rêne dans une résistance du cheval.

Pour que la main conserve toujours sa puissance, elle doit être dans une position qui domine toujours en hauteur la bouche du cheval (se reporter aux attributions de la main, à la 1ʳᵉ partie et à l'ordonnance).

2° *Le corps*, en pesant sur la selle (les deux ischions), a aussi des degrés à observer ; ainsi le corps pesant latéralement à droite, tend à entraîner le corps du cheval de ce côté, et si le cavalier trouve que ce mouvement se fait trop vite, il se penche latéralement, mais le corps plus en arrière ; s'il sent qu'il va trop lentement, il porte le corps plus latéralement en avant ; comme aussi il porte son corps latéralement sur le côté opposé, quand il veut s'opposer entièrement à l'exécution du mouvement. — Mais tous ces mouvements doivent être inaperçus, s'ils sont faits avec naturel et s'ils partent des deux ischions et non pas des épaules (Se reporter aux attributions du corps, à la 1re partie et à l'ordonnance).

3° *Les jambes* ont des places différentes :

Elles tombent naturellement ; leur rôle principal est de donner la position à l'arrière-main et l'impulsion à l'animal, que cette impulsion ait lieu en avant, en arrière, par côté ou en hauteur.

Première position. — Aux sangles, elles agissent relativement, davantage sur l'avant-main.

Deuxième position. — Derrière les sangles, mais près d'elles, à 15 centimètres environ et pour dernière limite, à partir du milieu des sangles ; elles agissent davantage sur le centre de la masse ou sur l'ensemble.

Troisième position. — Plus en arrière des sangles, à 30 centimètres comme dernière limite à partir du milieu des sangles ; elles agissent davantage sur l'arrière-main.

Quelle que soit la position de jambe adoptée pour ou dans l'exécution d'un mouve ment suivant la sensibilité du cheval ; l'emploi de la jambe du dehors se fera toujours d'un ou plusieurs centimètres plus en arrière des sangles que celle du dedans.

Les jambes ont plusieurs manières de parler au corps du cheval ; elles opèrent par *pression*, par *attouchement*, par *frottement*, suivant qu'elles doivent rassembler, porter en avant, soutenir.

Par pression, le cavalier agit pour rassembler son cheval, quelle que soit la place de ses jambes, bien que nous indiquions *la première position* aux sangles comme la meilleure pour le rassembler du cavalier militaire. La pression a lieu suivant la sensibilité du cheval et se règle sur la résistance.

Par attouchement. Il agit pour déterminer en avant ou en arrière, suivant que la main arrête ou laisse passer les forces, et c'est presque toujours à la *deuxième position* que la jambe agit pour donner l'impulsion, et sa force se règle sur la sensibilité de l'animal, l'éperon n'arrivant que si la jambe est insuffisante.

Par frottement, quand les jambes s'opposent à un mouvement d'un côté ; il est positif que la jambe presse, mais relativement et sans initiative ; pour obtenir un mouvement utile, elle frôle le corps, pour être prête à accepter le corps qui vient de lui-même et opposer une force égale à celle du cheval, ne présentant la pointe de l'éperon que si l'animal est sur le point de forcer la jambe du cavalier.

Mécanisme de la leçon.

On ne saurait trop se pénétrer que le degré s'acquiert par la pratique et forcément, aussi l'instructeur ne doit-il pas s'attacher à l'observation du degré de la force, mais à la direction de la force produite par la sollicitation.

Exemple.—Un cheval sollicité *violemment* dans le sens du mouvement y entrera toujours si les trois agents agissent avec accord, et souvent il n'y entrera pas sollicité *doucement*, si les trois agents ne sont pas d'accord.

La première condition est donc l'exactitude du travail des agents dans le sens normal; la seconde, qui se perfectionnera avec le temps, c'est le degré.

Indications utiles.

Ramener (mouvement partiel). Si l'on se sert du bridon, il faut que les poignets dirigent l'action du mors sur les barres et non pas sur la commissure des lèvres.

Si c'est avec la bride, ce qui se fait plus généralement, le mors touchant les barres, l'action a sa direction naturelle.

Sollicitation douce, opposition calculée, mais égale à la résistance, les jambes près, sans initiative, et n'étant là que pour maintenir le corps de l'animal.

Acteurs, fléchisseurs. — *Régulateurs*, extenseurs.

RASSEMBLER (mouvement d'ensemble). — Emploi de la bride, sollicitation douce, opposition calculée mais égale à la résistance, avec jambes précédant ; si l'impulsion n'existe pas, le corps du cavalier assis et donnant son poids suivant le côté où le cheval doit aller.

Acteurs, fléchisseurs. — *Régulateurs,* extenseurs.

TÊTE AU VENT (mouvement partiel). — Emploi de la bride *par opposition continue* avec jambes près du corps *sans action,* mais soutien ; après cession, jambes.

Acteurs, extenseurs. — *Régulateurs,* fléchisseurs.

ENCAPUCHONNEMENT (mouvement partiel).— Emploi du filet avec jambes, mais après.

Acteurs, fléchisseurs. — *Régulateurs,* extenseurs.

CABRADE (mouvement d'ensemble). — Emploi du filet avant le *rassembler* de l'animal, emploi de la bride avant l'*enlever ;* rendre la main quand il est droit, le corps en avant et par côté, piquer des deux, *avant, pendant et après.*

Acteurs, extenseurs.—*Régulat.,*fléchisseurs.

RUADE (mouvement d'ensemble). — Emploi du filet ; le corps en arrière, les jambes vigoureusement, avant, pendant et après. Dans l'état militaire, la bride remplace le filet, si on tient le sabre, par exemple. Comme dans la ruade, pour l'opposition de cette défense, on agit vigoureusement, l'effet de la bride est *utile.*

Acteurs, extenseurs.—*Régulat.*, fléchisseurs.

Le mouvement partiel agit sans le secours de la masse ; mais il ne faudrait pas croire qu'il n'a pas d'influence sur la masse, surtout dans l'action du mouvement, aussi le cavalier doit-il toujours arrêter les mouvements partiels qui ne viennent pas de sa volonté, parce qu'alors ils nuisent toujours au mouvement d'ensemble qu'on veut obtenir.

Bridon et Bride.

Pour se rendre un compte exact du bridon, de la bride et du filet, nous renvoyons aux explications de l'ordonnance ; nous n'examinerons ici ces deux instruments de la conduite que sous le rapport physiologique, pour étudier comment on doit les faire agir si on veut se faire comprendre de l'animal.

En thèse générale, on peut dire que le bridon est un releveur, que la bride est un abaisseur, c'est-à-dire que l'effet du premier par sa position dans la bouche et celle des poignets du cavalier tend à relever la tête du cheval, et que l'effet de la seconde par sa position dans la bouche et l'attache des rênes au bout des branches du mors tend à abaisser la tête.

En résumé, l'un en tirant, élève la tête, l'autre, en tirant, abaisse le menton, par conséquent la tête.

Nous allons examiner les principaux effets du bridon. La théorie dit, n° 291 : — Arrêter.

« Lorsque le cheval n'obéit pas, lui faire
« sentir successivement l'effet de chaque
« rêne suivant la sensibilité ; ce qui s'appelle
« scier du bridon. »

L'instructeur expliquera qu'on scie du bridon de deux manières, doucement ou fortement.

1° *Doucement,* quand le cavalier veut ouvrir la bouche du cheval qui contracte les mâchoires ;

2° *Fortement,* quand le cheval ne voulant pas s'arrêter, le cavalier est obligé d'employer un moyen plus fort ;

3° *Doucement ou fortement,* quand la résistance du cheval dans la mâchoire ou l'encolure dure trop longtemps ou qu'elle tend à dépasser la force du cavalier, puis, selon le temps qu'on peut mettre dans l'exécution du mouvement, enfin, pour relever la tête du cheval quand il s'encapuchonne.

L'instructeur explique que le bridon est un mors très-doux, reposant sur la commissure des lèvres ; qu'il a pour effet principal de relever la tête du cheval ;

Que la bride est un mors sévère reposant sur la mâchoire inférieure, etc. (Voir l'ordonnance).

Guide-bridon.

Pour arriver promptement et sans préoccupation à l'observation du degré d'application des poignets pour la conduite du cheval, j'ai

inventé deux instruments que j'appelle guide-
bridon et guide-bride (Voir pag. 92, 96, 97).

Nous allons parler du premier :

Pour apprendre au cavalier à se servir du
bridon, l'instructeur tient à poignée, dans la
main droite ou dans la main gauche, un
rouleau du diamètre de quatre centimètres

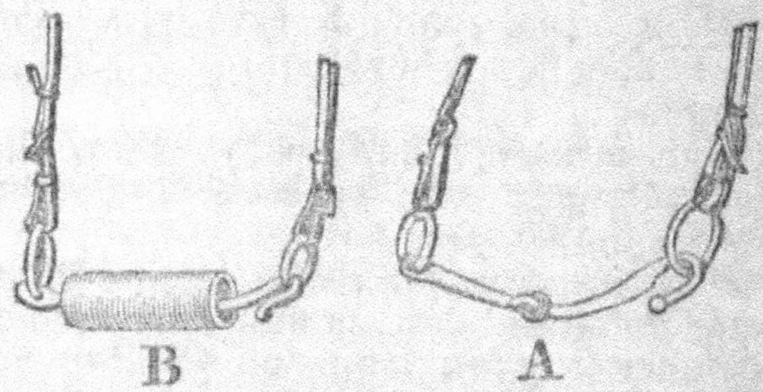

environ, le mors de bridon A joue dans ce
rouleau B avec la même facilité que dans la
bouche du cheval ; les rênes sont prises une
dans chaque main par le cavalier, en se conformant à l'ordonnance (*Fig.* R I C, p. 97).

L'instructeur lui explique les numéros de
l'ordonnance de 281 à 288, de telle sorte que
le cavalier apprend, étant à pied, sans aucune difficulté le travail des rênes du bridon.

L'instructeur fera avec le poignet tous les
mouvements de la tête du cheval.

Ce travail est, sans contredit, d'une importance extrême ; il force celui qui démontre à
se rendre compte du travail de l'instinct et
de l'intelligence du cheval, dans la résis-

tance de la tête et de la mâchoire, sans cela sa démonstration n'aura ni charme ni but.

Le cheval commence toujours par résister dans le dressage, et n'obéit que si on lui fait comprendre ce que l'on veut de lui.

Nous allons donner un aperçu de ce travail qui éclaire le cavalier et lui transmet, sur l'importance de ses actions sur la bouche du cheval, des idées qui le rendent attentif et capable en très-peu de temps de gouverner l'animal.

Exemple. L'instructeur tient à poignée l'instrument, et comme le poignet droit est très-fort, il le choisit de préférence, il est certain alors d'avoir une force suffisante pour bien diriger ses résistances qu'il multiplie comme suit et avec discernement, soit qu'il donne la leçon avec le guide-bridon ou avec le guide-bride (Voir page 97).

Le cheval lève la tête, la baisse, la porte à droite, à gauche, bat à la main, bégaye de la mâchoire, a la tête pesante, incertaine, etc., tire à la main, l'instructeur fait remarquer que le cavalier s'oppose à tous les mouvements de tête qu'il n'a pas provoqués, et que, pour les arrêter, il lui suffit d'avoir la main fixe. Il a soin, dans les commencements, de ne pas opposer une résistance trop longue au cavalier, et l'interroge souvent.

Exemple. L'instructeur lui dit : Sollicitez le cheval pour la mise en main ? Le cavalier tend alors les deux rênes également en rapprochant légèrement les poignets du corps et en les élevant un peu. Cette sollicitation doit être très-douce. Si elle est conforme à cette recommandation, l'instructeur répond avec son poignet par une résistance un peu supérieure, le cavalier augmente sa force en raison de celle qui lui est opposée; il a soin de ne pas *dominer la résistance même sans trop la forcer*, il faut qu'il oppose force pour force, une livre pour une livre, deux pour deux, etc., et qu'il attende l'effet de son opposition.

Dès que le cavalier a opposé une force égale, l'instructeur cède, et le cavalier rend la main comme il ferait s'il agissait avec le cheval; cette cession de main est la récompense de l'animal; et, lui indique qu'il a bien fait de céder à l'opposition du cavalier.

Si celui-ci met une force supérieure, l'instructeur lui fait observer que son opposition est trop forte et, pour bien lui faire comprendre qu'il a mal calculé son opposition, il lui entraîne le bras sans toutefois y mettre *d'emportement*, mais pour *l'éclairer*.

Lorsque l'instructeur s'aperçoit que le cavalier commence à se rendre compte du degré de force à opposer à la résistance du cheval, il remue légèrement son poignet pour imiter le bégayement de la mâchoire du cheval, bégayement qui précède toujours le moment où il cède.

Le cavalier maintient son opposition devant le bégayement, et s'il exécute bien ce travail, l'instructeur cède, et le cavalier rend la main, mais pas assez pour que celle de l'instructeur lui échappe. Car celui-ci (il ne faut pas l'oublier) simule le mouvement de la tête du cheval qui s'échappe souvent sur une concession.

L'instructeur explique que le cheval, quand il sent la sollicitation du cavalier, résiste *instinctivement*, et que, quand il cède par suite de l'opposition continue de la main, c'est par le fait du travail de l'intelligence qui lui a fait comprendre que l'opposition se prolonge en raison de sa résistance.

L'instructeur élève-t-il subitement le poignet pour indiquer que le cheval veut, en levant la tête se soustraire à l'action du mors? le cavalier alors élève son poignet pour dominer en hauteur la bouche du cheval, etc., afin de conserver la puissance entière, mais de manière à ce que son action sur la main de l'instructeur (les barres) reste toujours la même.

Le cavalier sera exercé sur tous les numéros de l'ordonnance, et les uns après les autres (ainsi que nous l'avons dit au commencement de ce chapitre), puis il apprend à scier du bridon comme il est ci-dessus indiqué.

Quand il comprendra bien le mécanisme du bridon, l'instructeur le fera passer à la bride avec le guide-bride sans le filet (Voir page 97, *fig*. C N I).

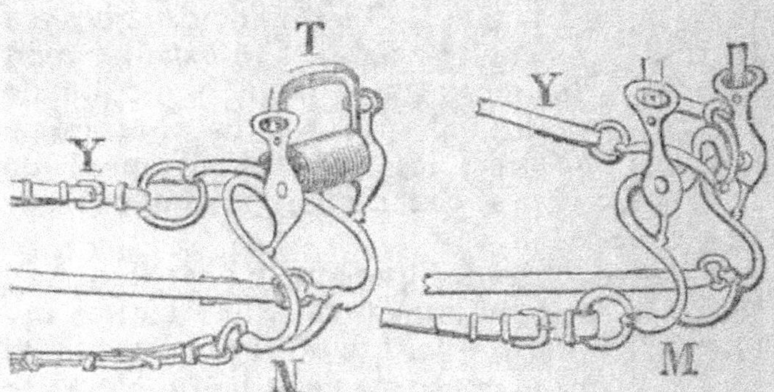

GUIDE-BRIDE ET FILET.

Nous avons mis là une bride avec son filet, et à côté le guide-bride ; on voit que le filet Y de l'instrument passe à travers le rouleau.

L'instructeur prend le guide-bride dans le poignet droit (Voir pages 96, 97, *fig.* YT et et NIT) ; c'est un mors de bride d'ordonnance sur lequel repose comme d'habitude le filet. Il y a un rouleau à la place des canons ; dans le rouleau joue le mors du filet ; de telle sorte que l'instructeur a tous les accessoires de la bride, et peut mettre le filet ou le retirer à volonté.

Au-dessus de la poignée, c'est-à-dire du rouleau, se trouve un arc de fer qui entoure le dessus de la main et lui produit une douleur dès que les rênes tirent un peu fortement ; de telle sorte que si le cavalier a la main dure en tirant les branches du mors, il appuye trop sur le dessus de la main de l'instructeur ce fer courbé T et lui cause une petite douleur.

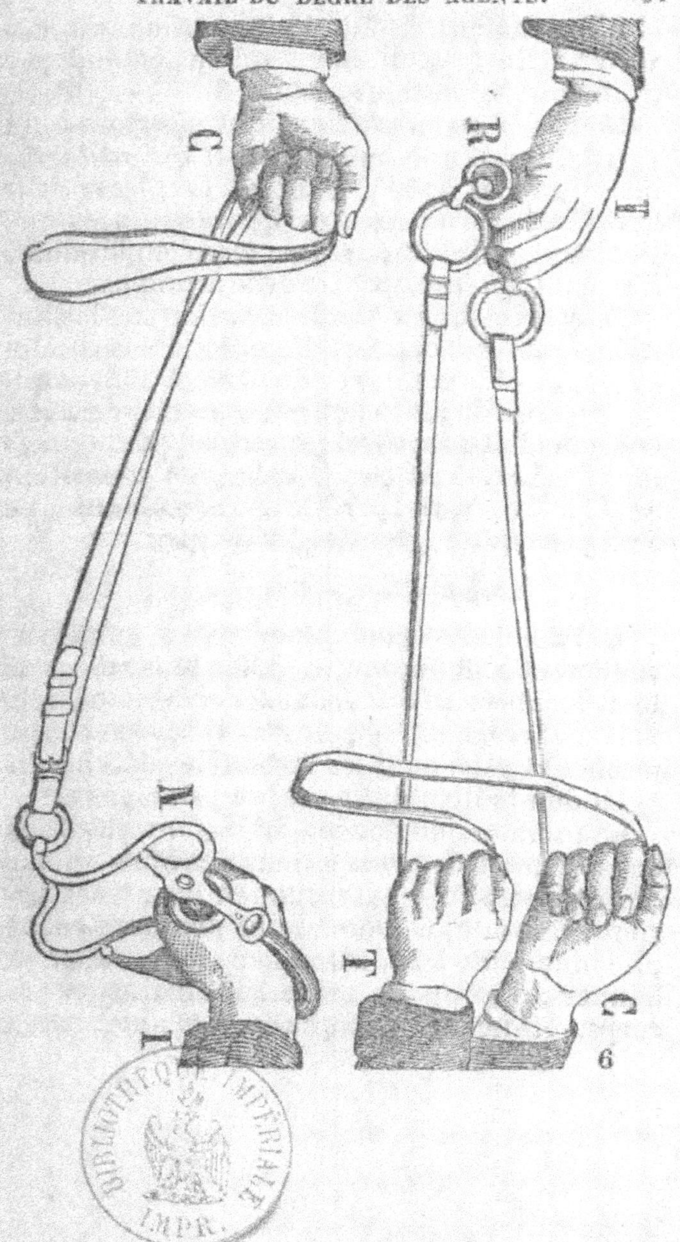

L'instructeur en fait l'observation au cavalier et lui explique ce qu'on entend par avoir *une bonne main.*

LA BONNE MAIN est celle qui n'oppose à la résistance qu'une force égale *et qui ne la domine jamais même sans trop la forcer ;* car toute lutte est amenée par des résistances que l'on veut vaincre par une force supérieure. La bonne main résiste et cède à propos.

L'instructeur exerce le cavalier sur les numéros qui concernent l'emploi de la bride. (Voir dans l'ordonnance du n° 358 à 375, ce qui concerne la bride et le filet, sans s'appesantir trop sur chaque article) ; une fois que le principe de la sollicitation et celui de l'opposition sont bien compris, le reste, pour s'obtenir, ne sera plus que le résultat du temps.

Dombelles. — Ses usages.

La dombelle (poids) peut être employée utilement à donner au cavalier la manière de bien localiser sa force dans l'endroit où elle doit s'exercer sans déranger le corps et les jambes et sans offenser la bouche du cheval.

La dombelle a deux usages principaux :

Le premier, de donner de la force au bras dans l'exercice des rotations de bras autour des épaules, ou d'extension en avant, en arrière, à droite, à gauche, le poignet tenant une dombelle, et d'amener le cavalier à donner un coup de sabre sans déranger le corps. Il ne faut pas que le poids soit assez lourd pour amener de la roideur dans le corps ou un déplacement quelconque.

Exemple. — Supposons que l'on mette une dombelle de trois kilog. dans la main du cavalier, il faut, quand il tourne le bras en tous sens, que l'effort ait lieu dans le poignet, l'avant-bras et le bras s'arrêtant à l'articulation de l'épaule inclusivement.

L'exercice de la dombelle, s'il est bien gradué, apprendra bientôt à localiser la plus grande masse de poids dans le bras sans déranger le corps.

Nous ferons remarquer qu'en désignant ici des dombelles, nous voulons dire un poids quelconque. Quant au second usage, son principe n'exige pas non plus spécialement que ce soit une dombelle plutôt qu'un autre poids, qu'on attache au poignet avec une courroie si on n'a pas de dombelle, mais il faut que l'instructeur connaisse toujours le poids qu'il met dans la main du cavalier, afin de s'assurer, comme on va le voir, que le poignet sait prendre à propos le degré de force nécessaire sans jamais le dépasser.

Le second usage de la dombelle concerne le travail de la main de la bride ou des poignets, quand le cavalier travaille en bridon, et qu'on l'exerce à pied avec le guide-bride et le guide-bridon, d'après les explications suivantes :

Si l'on veut donner au poignet *le degré de force et d'action* nécessaire pour les sollicitations et les oppositions à faire avec le bridon, le filet ou la bride, il faut mettre une dombelle dans les poignets ou la main qui tient les rênes, en commençant toujours par un faible poids, car il faut, ainsi que nous l'avons dit, que le poids n'amène *aucune roideur dans l'épaule et ne se fasse pas sentir sur la main de l'instructeur* qui simule avec elle, la bouche du cheval.

Ainsi, supposons que, tenant les rênes du bridon ou de la bride, on mette, dans chacun des deux poignets ou dans la main de la bride, une dombelle du poids de 2 kilog., il faut que le poids se repose sur la main, sans troubler le rapport intime qui existe entre le poignet de l'instructeur (bouche du cheval) et la main ou les mains qui tiennent les rênes. Ce qui s'apercevra par le déplacement du poignet de l'instructeur (tête du cheval), conséquence de la secousse qui se fait sentir sur le poignet de l'instructeur (barres du cheval).

Lorsque le cavalier exercé par l'instructeur *pourra limiter l'effet du poids de la dombelle dans le poignet et le bras*, il aura *une main excellente*; puisqu'en travaillant avec la dombelle par sollicitation ou par opposition, il aura appris à commander *deux forces à la fois*, sans déplacer son corps et sans agir *sur la bouche du cheval* :

La première force représentée par celle qu'il emploie dans la sollicitation ou l'opposition qu'il a à faire;

La seconde force par le poids de la dom-belle.

Comme conséquence il pourra, à plus forte raison, commander à une seule, la mesurer parfaitement, lorsqu'il ne sera plus en présence que de la résistance du cheval.

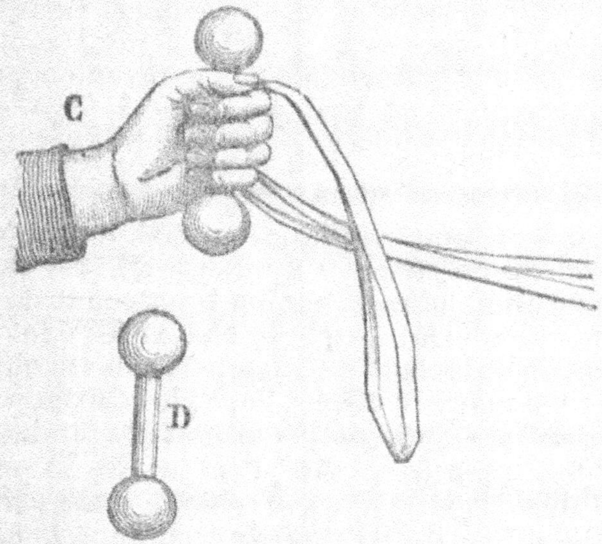

On arrive par cet exercice à une précision étonnante au bout de quelques jours et à une fixité de main d'autant plus compréhensible que le cavalier aura appris à mesurer la sollicitation de quelques onces et l'opposition de 1, 2, 3 kilog. et plus, sans déranger sa main toujours en rapport régulier de force avec la bouche de l'animal.

Dans les longues soirées, dans les journées

6.

de pluie, il sera facile aux cavaliers de prendre le guide-bridon, le guide-bride, la dombelle, et de s'exercer entre eux et avec les brigadiers.

L'instructeur devra de temps en temps prendre lui-même les rênes et mettre les instruments dans la main du cavalier. De cette manière, le dernier se familiarisera promptement avec le mécanisme des mouvements de la tête et avec la manière dont il doit s'y prendre pour éclairer le cerveau de l'animal.

Ramener. — Mise en main. — Rassembler.

L'instructeur explique au cavalier qu'un cheval est au *ramener* quand sa tête est dans une position plus ou moins rapprochée de la perpendiculaire; — que le cheval est dans la main, lorsqu'étant au ramener, son encolure et sa mâchoire n'offrent aucune résistance à l'action raisonnée de la main et des jambes.

Puis il lui dit que c'est après la mise en main qu'il doit *rassembler* son cheval pour partir à telle allure qu'il voudra; que, dans le rassembler, l'animal dispose ses membres sous son corps pour le mettre en mouvement.

Conditions de la mise en main. — Les exercices de la centaurisation amènent le cheval à se placer de lui-même dans la main du cavalier; celui-ci a donc peu de chose à faire pour le confirmer dans cette position.

A la fin des reprises, lorsque le cheval est accoutumé aux rapports continus et réguliers des trois agents du cavalier, l'instructeur explique à celui-ci que, pour arriver au rassembler de l'ordonnance, le cheval doit être exercé à la mise en main : 1° à droite ; 2° à gauche ; 3° directement ;

Que pour cela il doit faire agir ses agents ainsi qu'il suit :

1° Rêne du dehors maintenant la tête du cheval ;

2° Rêne du dedans mettant le bout du nez d'un côté qui est alors celui *du dedans*.

3° Jambe du dehors maintenant le corps et lui servant d'étai ;

4 Jambe du dedans sollicitant du gras de jambe ;

5° Le corps assis également et prêt à peser à droite ou à gauche au moment du rassembler.

Si le bout du nez est mis à droite, la jambe et la rêne du dehors sont à gauche *et vice versâ*.

Cette mise en main obtenue à droite, on la recherche à gauche, puis quand le cheval l'a donnée des deux côtés, on la lui demande directement, les deux jambes pressant également aux sangles, les deux rênes égales, la tête à la position du ramener et comme on a appris avec le guide-bridon et le guide-bride à se servir de la main par sollicitation et opposition, il suffit de veiller à ce que la mise en main directe s'obtienne, le cheval restant droit, autant que possible.

L'instructeur, pendant ce travail, remarque si les chevaux cèdent aux sollicitations des jambes, et si, par exemple dans la mise en main, le cheval résiste de la rêne du dedans à la sollicitation du gras de jambe, que cette rêne reste tendue ; il fait toucher légèrement de l'éperon de ce côté pour faire détendre le cou ; le cheval ayant cédé, il le caresse.

Le pincer délicat de l'éperon, pour obtenir la mise en main sur une résistance, n'est efficace qu'avec les deux conditions suivantes :

1° Que la main domine en hauteur la bouche du cheval, quelle que soit la position élevée de sa tête ;

2° Que le cavalier puisse se servir de sa jambe du dehors comme *étai* du corps du cheval pendant le toucher de l'éperon.

En dominant la bouche du cheval, la main du cavalier, entre autres avantages, conserve entière l'action du mors.

Conséquence. — La main doit résister d'abord pour empêcher l'élévation de la tête, et quand celle-ci échappe, elle doit reprendre en hauteur la position qui lui est nécessaire pour faire triompher *son opposition*, ce n'est qu'alors que le *pincer* de l'éperon peut être efficace. L'ordonnance ne défend pas de mettre le cheval en main en se servant de l'éperon; elle veut que celui-ci n'arrive qu'après la sollicitation de la jambe comme châtiment ou secours sévère et non comme *agent*.

QUESTIONNAIRE DU CAVALIER.

D. 1. En combien de parties principales divisez-vous le cheval?

R. En deux principales.

D. 2. Montrez-les et nommez-les?

R. L'avant-main qui part des naseaux jusqu'au passage des sangles;

L'arrière-main qui part du passage des sangles jusqu'à l'extrémité de la queue.

D. 3. Où repose le corps du cavalier?

R. Sur la selle qui est placée sur la jonction des deux parties.

D. 4. Faut-il de la force pour se tenir à cheval?

R. Non, dans les cas ordinaires.

D. 5. Le poids du corps du cavalier est-il suffisant pour tenir à cheval?

R. Presque toujours, si le cavalier est bien assis, le corps incliné en arrière.

D. 6. Dans quel cas faut-il de la force?

R. Quand le corps est soulevé par une force qui soulève un poids plus considérable que celui du cavalier.

D. 7. Si le corps pèse 70 kilos et que la

réaction soulève 74 kilos, de combien sera la force à opposer?

R. Elle sera de 4 kilos.

D. 8. Où le cavalier mettra-t-il de la force et comment appelez-vous les parties du corps qui pressent le cheval dans les déplacements?

R. Les parties qui pressent le cheval sont les cuisses et les genoux, qu'on appelle les deux agents de la solidité. Il faudra presser avec une force de deux kil. par chaque genou.

D. 9. Que faut-il indépendamment du liant le plus complet pour tenir à cheval et de la force auxiliaire des genoux?

R. Un point fixe entre les deux oreilles du cheval, dès qu'on se sent déplacé; un mouvement de relâchement du bas du corps en rentrant le nombril.

D. 10. Combien y a-t-il d'agents de la conduite?

R. Il y en a trois.

D. 11. Quels sont-ils?

R. La main (les poignets), le corps et les jambes.

D. 12. Faut-il de la force dans les agents de la conduite?

R. Non, il faut le soutien naturel.

D. 13. Le cavalier doit-il se servir des agents de la conduite pour tenir à cheval?

R. Non, il faut conduire le cheval avec eux et il faut éviter de s'en servir pour tenir à cheval.

D. 14. Le cheval, en mouvement partiel ou d'ensemble, est-il mis en mouvement par une seule force ou par deux?

R. Il est toujours mis en mouvement par deux forces, *une* qui agit pour le mouvement, *une* qui *soutient* et *règle*.

D. 15. Le cheval qui veut se mettre en mouvement, que fait-il?

R. Avant de partir, il revient sur le côté opposé à celui où il va.

D. 16. Pour aller en avant, comment sont les deux rênes?

R. Elles sont égales.

D. 17. Pour tourner à droite en rênes directes?

R. La rêne du dedans (droite) détermine, la rêne du dehors (gauche) soutient et prépare (à gauche, mêmes principes, moyens contraires).

D. 18. Les rênes dans une seule main pour tourner à droite?

R. En avant d'abord, puis à droite, la rêne gauche appuyant sur l'encolure et élevant la main légèrement (à gauche, mêmes principes, moyens contraires).

D. 19. Quand on rassemble son cheval, de quel côté faut-il peser?

R. Du côté opposé à celui où l'on veut aller.

D 20. Pour tourner à droite, au moment de la détermination, de quel côté faut-il peser?

R. A droite.

D. 21. Et pour tourner à gauche?

R. A gauche.

D. 22. Quand on arrête?

R. Sur les deux côtés.

D. 23. Quelle est la jambe qui se ferme la première ?

R. La jambe du dehors.

D. 24. Quel est le rôle de la jambe du dehors?

R. Recevoir et maintenir.

D. 25. Quelle est la jambe qui détermine et entretient l'allure?

R. La jambe du dedans.

D. 26. Faut-il que les renes soient tendues?

R. Oui, avec la valeur d'un fil qu'on pourrait casser en tirant trop fort.

D. 27. Quelle force le cavalier oppose-t-il aux résistances de la tête?

R. Il oppose une résistance égale, jamais supérieure, et attend le résultat.

D. 28. Si la résistance dure trop longtemps ou qu'elle devienne trop forte pour le cavalier?

R. Scier le bridon ou prendre le filet si on est en bride. Si le cavalier tient le sabre, il rend la main pour reprendre aussitôt et par degré, en faisant sentir les deux rênes, — ou bien une seule, suivant la résistance du cheval.

D. 29. Ne peut-on pas faire céder la tête en se servant d'une ou de deux jambes?

R. Oui; mais il faut avoir la main fixe et agir doucement, pour que le cheval ne force pas la main ou les poignets. — Si on se sert d'une seule jambe, il faut que l'autre soit plus en arrière pour contenir la masse.

D. 30. Quelles sont les propriétés principales du bridon et du filet?

R. Ouvrir la bouche en sciant doucement, arrêter en sciant fortement.

D. 31. Avec le bridon, peut-on relever la tête du cheval?

R. Oui, avec le bridon ou le filet on relève la tête du cheval.

D. 32. Quelles sont les propriétés principales de la bride?

R. De maintenir la tête sans la tirer, en opposant au cheval même résistance ou en la sollicitant avec beaucoup de douceur dans la main.

D. 33. Au départ, à l'arrêt et à la défense, que fait le corps du cavalier?

R. Il se porte en arrière en se relâchant du bas du corps, et, quand c'est nécessaire, il rentre le nombril.

D. 34. Au départ, le cavalier baisse-t-il la main pour partir?

R. Non, il l'avance de bas en haut, afin de sentir toujours la bouche du cheval.

7

D. 35. Que fait le cheval qui veut se défendre ?

R. Il s'arrête, se rassemble plus ou moins, la tête part la première.

D. 36. Que doit faire le cavalier ?

R. S'asseoir en portant le corps en arrière, regarder entre les deux oreilles du cheval ; fermer vigoureusement les jambes derrière les sangles, avancer la main en l'élevant.

D. 37. Comment le cheval peut-il se défendre ?

R. En se cabrant, ruant, faisant des têtes a queue, sauts de mouton, etc., etc., reculant.

D. 38. Comment le cavalier peut-il s'en apercevoir ?

R. Il voit la tête qui se déplace et sent dans la main, dans ses jambes, sous son assiette, le cheval qui retient ses forces avant de les donner.

D. 39. Qu'est-ce qu'une faculté ? et donnez un des exemples que vous savez.

R. C'est le pouvoir ou la facilité de faire quelque chose.

Un homme peut parler, s'il n'est pas muet, courir s'il n'est pas paralytique ;

Un cavalier a la faculté de sentir son cheval entre ses jambes, de le piquer ;

On a la faculté de voir, d'entendre, de comprendre, ou bien on ne l'a pas si on est aveugle, sourd ou idiot. — (Le cavalier n'a besoin que de citer un exemple, l'instructeur lui dit les autres ; il suffit que le cavalier réponde par *oui* ou par *non*.)

D. 40. Qu'est-ce que l'instinct ?

R. Un faculté involontaire.

D. 41. Un cheval est frappé sans qu'il voie celui qui l'a frappé ; il donne un coup de pied ; est-ce l'instinct qui le guide ?

R. Oui, parce qu'il a frappé sans calcul, du premier mouvement.

D. 42. Qu'est-ce que l'intelligence ?

R. Une faculté volontaire.

D. 43. La personne qui a frappé le cheval passe près de lui le lendemain, mais sans le toucher ; le cheval la reconnaît et lui donne un coup de pied ; est-ce de l'instinct ou de l'intelligence ?

R. C'est de l'intelligence, parce que, ayant reconnu celui qui l'a frappé la veille, il combine l'attaque.

D. 44. Faut-il en vouloir au cheval qui résiste, qui se fâche, quand on lui demande quelque chose ? faut il le battre s'il n'obéit pas ?

R. Non, il faut s'assurer auparavant s'il a compris, bien se servir de ses trois agents (si on est à cheval) pour l'éclairer, et, si on est à pied, lui parler et être doux avec lui.

D. 45. Comment vous apercevez-vous de la colère ou de la satisfaction du cheval ? par quelle faculté ?

R. Par l'expression. Le cheval qui a frappé

a couché ses oreilles en arrière, il a plissé ses joues, ses narines, etc., etc.

D. 46. N'y a-t-il que le travail des yeux, des oreilles, des joues, des narines, etc., pour être averti de la pensée du cheval? Donnez un exemple.

R. Non, il y a une autre *expression* qui indique quand le cheval veut se défendre, par exemple quand il s'arrête, se retient; ce temps d'arrêt veut dire qu'il peut se rassembler et sauter, et alors il faut le porter en avant.

D. 47. Combien y a-t-il de positions principales de jambes sur le corps du cheval, et quelles sont-elles?

R. Il y en a trois : la première, aux sangles pour baisser l'encolure ; — la seconde, derrière, mais près des sangles, pour porter le cheval en avant ; — la troisième, plus en arrière encore, pour contenir l'arrière-main, et dans le rôle de la jambe du dehors.

D. 48. Dans un mouvement, comment se ferment les jambes?

R. La jambe du dehors à la troisième position, la jambe du dedans à la deuxième position, pour le rassembler ordinaire à la première.

D. 49. Comment faut-il agir avec les jambes?

R. Par pression pour rassembler, par attouchement pour déterminer, par frottement pour s'opposer, c'est-à-dire que la jambe en se fermant frotte le corps, mais pour rester fixe à la position qu'elle a dû prendre.

Observation. Bien que nous déterminions trois positions de jambes, il est entendu que l'action des jambes et leur fermeture sont subordonnées à l'équilibre et à la sensibilité du cheval : aussi, lorsque l'instructeur se trouvera en présence d'un cheval très-sensible et très-impressionnable du corps, il fera travailler le cheval à part et lui fera perdre peu à peu sa fausse sensibilité en lui faisant passer les jambes du cavalier par frottement, jusqu'à ce qu'il ne bouge plus à l'approche des jambes.—Le cheval de troupe doit avant tout supporter le toucher de la jambe.

D. 50. Quand faut-il se servir de l'éperon?

R. Quand la jambe ne produit pas d'effet.

D. 51. Quelle force le cavalier oppose-t-il au corps du cheval avec la jambe ou les jambes?

R. Une force égale à la résistance, jamais supérieure, et attendre le résultat... excepté dans la lutte, quand il s'agit de porter le cheval en avant.

D. 52. Si la résistance dure trop longtemps et qu'elle dépasse la force de la jambe ou des jambes... que faut-il faire?

R. Présenter l'éperon ou opposer la tête aux hanches, en sollicitant la rêne du côté où le corps du cheval veut forcer la jambe.

D. 53. Sur quelles puissances agissent les jambes du cavalier?

R. Sur les fléchisseurs.

D. 54. Sur quelles puissances agit la bride?

R. Sur les fléchisseurs de l'encolure, si la main agit avec douceur et sans à-coup, ou bien, par opposition et comme conséquence sur les fléchisseurs du corps.

D. 55. Sur quelles puissances agit le filet ou le bridon?

R. Sur les extenseurs, à moins qu'on n'agisse la main basse et avec douceur, sans à-coup.

D. 56. Une saccade de bride fait-elle agir les fléchisseurs ou les extenseurs?

R. Les extenseurs.

D. 57. Alors, quand on veut faire agir les extenseurs, on peut faire une saccade de bride?

R. Non, car on abîmerait la bouche.

D. 58. Que faut-il donc faire dans une résistance avec la bride ou le bridon?

R. Il faut opposer la main quand on tient la bride, ou relever vigoureusement avec le filet ou bridon.

D. 59. Pourquoi avec le filet ou bridon?

R. Parce qu'il n'agit pas sur les barres, mais sur la commissure des lèvres, qui sont moins sensibles.

D. 60. Qu'est-ce qui produit la cabrade?

R. Les extenseurs.

D. 61. Qu'est-ce qui produit la ruade?

R. Les extenseurs.

D. 62. Qu'est-ce qui produit le rassembler?

R. Les fléchisseurs.

D. 63. Que faut-il faire pour empêcher la cabrade?

R. Il faut agir sur les fléchisseurs en attaquant très-vigoureusement le cheval avec les éperons, résister de la main, tout en l'élevant pour empêcher le cheval de se rassembler; si la cabrade a lieu, il faut porter le corps en avant et par côté, en continuant de piquer vigoureusement le cheval, en rendant la main.

D. 64. Que faut-il faire pour paralyser la ruade?

R. Relever la tête avec la main (le filet principalement) et piquer fortement des deux, pour porter le cheval en avant, le corps du cavalier se portant en arrière.

D. 65. Que faut-il faire pour rassembler son cheval?

R. Agir sur les fléchisseurs par pression aux sangles, la main un peu élevée et fixe.

Mécanisme.

L'instructeur ne doit aborder le questionnaire que partiellement, et il aura soin, dans son interrogatoire, de joindre l'expression à sa demande, soit de la voix, soit du geste. — Les questions qui pourraient paraître trop fortes pour l'intelligence de certains cavaliers peuvent être remplacées par deux ou trois monosyllabes qui n'exigent qu'un *oui* ou un *non* pour toute réponse. — J'ai dû prendre pour règle de ce questionnaire les limites ordinaires d'une intelligence secondaire. — Les questions doivent être adressées après que les leçons ont été bien expliquées; elles en sont la quintessence.

Progression.

La progression de la théorie de centaurisation est pour ainsi dire la même que celle de l'ordonnance; elle consiste à choisir dans le travail des exercices ceux qui exigent *le mécanisme marqué et répété (en l'accentuant) du jeu des trois agents sur le corps de l'animal.*

Ainsi les contre-changements de main exécutés et multipliés dans la longueur du manége, les demi voltes successives, individuelles, renversées et les serpentines sont des exercices de première nécessité. *C'est de l'exactitude mise dans la régularité de leur application et du choix des figures que dépend le succès.*

Exemple. Tant que le cheval n'accepte pas l'approche des jambes et la sollicitation de la main pour *la mise en main*, il faut qu'il soit exercé sans discontinuité aux contre-changements de main et aux serpentines au pas et au trot, avec les rênes de bridon ou filet dans chaque main.

Il faut interroger souvent le cavalier; ce n'est pas à sa mémoire principalement que l'instructeur s'adresse, mais *à son intelligence*, qui, éclairée, fera bien vite travailler *la mémoire*. Si un cavalier ne répond pas promptement, il ne faut pas le regarder avec colère, mais *l'aider* en lui expliquant; il faut lui dire le commencement de la phrase, le soldat l'achèvera et il sera reconnaissant de cette attention bienveillante. Il faut autant que possible se borner aux demandes du questionnaire et ne pas chercher à les multiplier, ce qui pourrait nuire aux progrès du cavalier, dont il ne faut pas fatiguer la mémoire.

La progression de l'ordonnance étant très-bonne, il faut la suivre et ne pas vouloir aller trop vite, tout mouvement menant au suivant. Dès que le cavalier exécutera bien ceux indiqués, il sera étonné, et les instructeurs satisfaits de voir les chevaux arriver d'eux-mêmes dans la main ; car dans chaque contre changement de main se trouvent forcément *la mise en main à droite* et *la mise en main à gauche*, alternativement.

L'étrier est donné au cavalier dès le début du travail, mais pour lui être retiré aussitôt qu'il commence à être à son aise ; la leçon étant d'une heure et demie, on peut le lui ôter une demi-heure.

Le bridon et ensuite le filet ne doivent jamais être abandonnés, et durant les leçons (même après plusieurs années de service) ils doivent être mis en usage; ce sont eux

qui donnent à chaque vertèbre de l'encolure
la souplesse nécessaire, sans irriter l'animal.

Le cavalier militaire étant obligé de travailler constamment d'une seule main et avec la
bride, la recommandation précédente a pour
but de rappeler qu'en dehors du service militaire, il faut chercher à maintenir l'assouplissement de l'encolure, afin de retrouver toujours dans son cheval la souplesse d'avant-
main nécessaire.

Prendre une rêne de bride dans chaque
main aussitôt après le travail en bridon est un
moyen transitoire d'instruction pour l'homme
et le cheval qu'il ne faut pas négliger.

Il a pour avantage de préparer le cheval,
d'une part, à répondre à la sollicitation de la
rêne directe, et, d'autre part, à celui de la rêne
par pression sur l'encolure ; et quand le cavalier prend ensuite les rênes d'une seule main,
il est étonné de voir que le cheval obéit sans
difficulté aux sollicitations.

On peut mettre la bride dès que le cheval
commence à donner sa tête dans les mouvements ; mais on n'abandonne pas pour cela le
bridon, auquel il faut revenir de temps à autre.

Il ne faut donner les éperons au cavalier
que quand il se sert *parfaitement* de ses jambes, vers la 20ᵉ leçon au plus tôt.

Le travail des hanches vient dès que celui
sur les courbes se fait bien. Puis après arrive
le reculer. C'est un tort de faire du reculer
avant que le cheval soit très-franc d'im-

pulsion, et le travail de la centaurisation rendant le reculer très-facile à exécuter, l'instructeur n'abusera pas de ce mouvement. La rotation des hanches autour des épaules est un exercice dangereux dans le commencement du dressage, ainsi que le reculer trop répété, — surtout chez les chevaux forts, qui ont plus de propension à retenir leurs forces en raison de la masse qu'ils ont à remuer. On doit toujours éviter de fournir à l'animal l'occasion d'une défense, principalement lorsque le cavalier n'est pas encore assez habile pour en triompher.

Le galop arrivera de lui-même au bout d'un mois d'exercice; et quant au saut du fossé et de la barrière, dès que le cheval sera en confiance avec son cavalier, et que celui-ci possédera parfaitement lui-même le travail des trois agents, ils s'exécuteront facilement.

Dès que l'harmonie existera entre le cavalier et son cheval, on pourra commencer les feux sans craindre que l'animal s'effraye; et s'il se trouve des chevaux plus impressionnables, il sera facile de les y habituer en les mettant à côté de chevaux tranquilles. Si un cheval était tout à fait effrayé, il faudrait lui donner un dressage particulier, ce qui a lieu souvent avec de jeunes chevaux. — Ce dressage consiste à accoutumer graduellement l'animal au bruit et à la vue de l'arme.

On commence avec peu de poudre et on se rapproche de lui insensiblement, et après le coup de feu on le caresse. Un excellent moyen pour accoutumer l'animal est de ne lui donner à manger qu'après un coup de pistolet ; il ne lui faudra pas plus de quarante-huit heures pour qu'il appelle par ses hennissements la détonation qui lui indique l'heure de ses repas.

Nous terminerons ce qui a rapport à la progression à suivre en disant que le cheval est lui-même l'indicateur de la nécessité du passage d'un exercice à un autre.

Si l'équilibre arrive promptement, il se mettra de lui-même aux allures enlevées ; si, au contraire, il n'arrive pas, il restera dans son état primitif, c'est à-dire qu'il agira suivant l'état d'équilibre qu'il a eu en commençant, et il trottera ou galopera plus volontiers, prendra ses points d'appui sur lui-même ou sur les agents du cavalier. — C'est donc à l'instructeur à bien remarquer l'état d'équilibre en commençant, afin de ne pas se mettre en défaut dans la progression à suivre.

Résumé et conclusion.

Le travail de la centaurisation, comprenant l'harmonie morale et physique du cheval, doit être exécuté avec un soin et une régularité des plus grandes, puisque toute la vie équestre du cavalier dépend du commencement bon ou mauvais qu'il aura eu.

S'il met de la négligence à appliquer dans ses détails l'enseignement pratique qui lui est donné, au lieu de prendre l'habitude de le suivre consciencieusement, il finira par le négliger tout à fait et ne fera aucun progrès, accusant l'instructeur de son insuccès, au lieu de s'en prendre à lui-même.

1° Une bonne assiette, 2° division du corps du cheval, 3° agents de la solidité, 4° agents de la conduite, 5° travail simultané de tous les agents, 6° mécanisme des leçons :

Tels sont les points principaux qui constituent la première partie de la théorie de centaurisation.

Comment le cavalier peut-il avoir la pensée de ne faire qu'un avec le cheval s'il n'apporte pas sur la selle toutes les conditions de direction, de force et de souplesse qui lui permettent, dans chaque réaction, de rentrer dans la selle pour s'y fixer de plus en plus? Conditions : 1° *de direction* (du corps du cavalier) qui lui permet de profiter de son poids, soumis aux règles invariables des lois de la pesanteur des corps ;

2° *De force*, point capital pour le cavalier qui, sachant d'avance celle qu'il aura à mettre dans ses attaches sur l'animal, n'en dépense aucune sans nécessité ;

3° *De souplesse*, qui permet au corps de prendre la direction voulue et de donner à chacune des parties la force ou le liant qu'elles doivent avoir dans un mouvement.

Comment le cavalier pourra-t-il agir sur l'animal s'il ne connaît pas ses deux divi-

sions, l'*avant-main* et l'*arrière-main*, et s'il
ne se fixe pas commodément sur la jonction des
deux parties agissantes du corps du cheval,
sans apporter du trouble dans les deux ou
l'une des deux, trouble qui réagit sur la
masse entière?

Le cavalier devait donc se créer *des agents
de solidité* et les prendre dans les parties de
son corps qui ne peuvent attaquer la sensibilité de l'animal. De là l'emploi exclusif *des
cuisses* et *des genoux* pour cet usage.

Quant *aux agents de la conduite*, il était
naturel que la centaurisation allât, au contraire, les chercher dans les parties du corps
du cavalier qui ont un rapport constant avec
l'organe du tact du cheval, par conséquent
avec sa sensibilité, et de pouvoir ainsi parler
sans cesse au cerveau; de là comme conséquence le choix des trois agents :

1° *De la main*, qui, par les rênes, tient la
tête dans sa puissance; cette tête, qui commence tous les mouvements d'ensemble, est
en même temps la boussole de la direction,
et qui assure avec l'encolure la juste distribution du poids de la masse sur les puissances
musculaires;

2° *Du corps du cavalier*, qui, assis sur les
deux parties à la fois de l'animal, voit le
mouvement de la tête du cheval, sent sous
son assiette, dans la main, et ses jambes, le
calme ou la frayeur, le retard ou la précipi-
tation de telle ou telle partie, et, se réglant sur

la masse du centre de gravité, devient lui-
même une seconde encolure portant la tête du
cavalier, c'est-à-dire la direction générale ;

3° *Des jambes*, qui, appliquées sur les côtes
de l'animal, sont tour à tour des soutiens,
des excitants, des modérateurs de l'arrière-
main et de la masse entière.

Aussi, pour que la centaurisation offrît un
travail utile au cavalier, il fallait que chacun
des agents de la conduite entrât dans le mécanisme lui-même de l'animal, pour suivre
pas à pas et sans écart la marche de chacune
de ses parties. Il fallait donc exercer les
agents de la conduite, d'abord séparément,
puis ensemble, et cet exercice demande, de la
part de l'instructeur qui forme l'élève et
dresse le cheval tout à la fois, un soin tout
particulier, une sévérité dans l'exécution, de
tous les instants.

Aussitôt que le cavalier a compris comment
il doit se tenir sur le cheval docile, l'instructeur ne doit-il pas songer que la première condition à acquérir pour être bon cavalier, *c'est
la solidité ?* Il lui apprend donc à résister à
toutes les défenses du cheval, et lui donne les
moyens d'en diriger l'action et d'en paralyser les effets, s'il ne peut s'en rendre le maître. De là quelques mots indispensables sur
les défenses du cheval.

Cet examen rapide nous montre tout ce
que le cavalier doit apprendre d'abord pour
se lier et s'incorporer avec la matière.

Ce commencement, étant en quelque sorte
le positivisme de la théorie, devait présenter
le mécanisme des leçons, leur durée et le
temps à employer pour chaque exercice.
C'est ce qui termine *la première partie*. La
seconde va entrer plus nettement dans l'appréciation de chacun des faits présentés,
afin de permettre dans le travail une régularité d'application plus grande.

La seconde partie apprend au cavalier à
être réfléchi et intelligent dans tout ce qu'il
est appelé à faire ; elle lui enseigne à parler
utilement au système nerveux de l'animal ;
c'est en quelque sorte les éléments de la phi-
losophie équestre qu'elle lui donne.

1° Le degré du travail, 2° les facultés intellectuelles, 3° les organes des sens, 4° les
puissances musculaires, 5° les aides, les
agents, les secours, 6° des instruments de
dressage, 7° le questionnaire, 8° la progression :

Telles sont les parties formant la seconde
division.

Le cheval, étant appelé à recevoir la direction du cavalier, répondra bien ou mal à ses
sollicitations, bien s'il comprend, mal s'il ne
comprend pas.

Comment est-il possible que le cavalier sa-
che interpréter les élans instinctifs de l'a-
nimal sans avoir fait une étude, quelque élé-
mentaire qu'elle soit, de ce mobile moral
qu'on appelle appareil de sensation ? et si
l'écuyer, le plus expérimenté des cavaliers,

se trompe souvent dans des rapports avec le cheval, comment ne pas chercher, par une étude facile, à épargner : 1° à celui qui n'est pas cavalier et qui veut le devenir, toutes les sortes de déceptions ; 2° au cheval, une série de contrariétés qui l'irritent et prennent non-seulement sur son moral que souvent elles changent et dénaturent, mais encore sur le physique, qu'elles usent ?

Il était donc indispensable de faire une étude des cinq organes des sens, qui sont les éclaireurs du cerveau et y font naître la volonté d'obéir ou de résister, volonté qui se transmet si vite aux puissances musculaires chargées de remuer la masse.

L'étude *des facultés intellectuelles des organes des sens et des organes de la force* devait alors être faite par les cavaliers très-élémentairement, il est vrai, mais cependant de telle sorte que les deux systèmes nerveux pussent s'harmoniser entre eux, sans qu'il y eût combat entre les directions respectives des deux corps, sous le rapport moral et physique.

Cette pensée nous a engagé à parler assez complétement des agents et des secours, afin que le cavalier comprît bien l'emploi de chacun d'eux et ne confondît pas le travail des agents de la solidité avec ceux de la conduite ; qu'il ne négligeât pas l'emploi des secours créés pour venir en aide aux agents, et qu'il s'en servît avec le discernement que precrit l'ordonnance dans les sages préceptes qui terminent chacune de ses instructions.

Le but de la centaurisation est donc d'appeler l'intelligence du cavalier sur l'étude intéressante *de l'appareil de sensation et de locomotion* de l'animal, afin qu'il puisse s'harmoniser avec son cheval, ne faire tous les deux qu'un seul et même corps dans le travail ; mais ce but n'eût jamais été atteint :

1° Si l'enseignement n'eût reposé sur des principes invariables tirés des sciences qui régissent les appareils du cheval ;

2° Si l'enseignement ne se fût pas gravé dans la tête de l'élève en même temps qu'on exerçait chacun des agents.

Il fallait donc trouver le moyen d'incruster, dans la mémoire du cavalier, par des jalons inébranlables, le mécanisme fourni par la science, et ces jalons sont donnés : 1° par les instruments, le guide-bridon et le guide-bride, qui forcent le cavalier à apprendre comment la main doit parler au cerveau de l'animal pour se faire comprendre ; 2° principalement par les demandes et les réponses qui constituent la véritable théorie du cavalier, c'est-à-dire le *questionnaire de la centaurisation,* dont les résultats devront être pour l'avenir de l'équitation :

Amélioration sensible dans la conservation du cheval et dans l'habileté du cavalier ;

Économie de temps dans l'instruction du cavalier et dans le dressage de l'animal.

PRINCIPES ET RÈGLES

DE LA THÉORIE DE CENTAURISATION

APPLIQUÉS AUX MOUVEMENTS
DE L'ORDONNANCE POUR LE TRAVAIL DU CAVALIER
A CHEVAL.

Son Excellence M. le ministre de la guerre, après avoir pris connaissance des rapports et procès verbaux de la Commission sur les expériences faites par ses ordres, m'a fait l'honneur de m'adresser la lettre ci-jointe :

« Monsieur le Comte,

« J'ai lu avec le plus grand intérêt le rap-
« port de la Commission que j'avais chargée
« d'examiner votre méthode d'équitation :
« ce document présente, sous le jour le plus
« favorable, les principes gradués et progres-
« sifs à l'aide desquels vous avez amené, en
« soixante quinze leçons, des recrues et des
« chevaux neufs à un degré d'instruction tel
« qu'ils pourraient, les uns et les autres,
« passer à l'école d'escadron. Je vous félicite
« de ce résultat qui démontre l'efficacité de
« votre méthode d'enseignement, et vous prie
« de me faire parvenir le travail que vous avez

« l'intention de rédiger pour faire connaître
« les modifications qu'il conviendrait d'intro-
« duire dans l'ordonnance sur l'instruction
« des cavaliers, si on voulait la mettre en
« harmonie avec votre système d'équitation.

 « Recevez, etc. »

Après avoir remercié Son Excellence, du témoignage de confiance et de haute bienveillance qu'elle a daigné m'accorder, et après avoir pris ses instructions, je viens présenter les différentes modifications que je croirais utile d'introduire dans l'ordonnance.

Une pensée me rassure en publiant mon travail et me donne le courage d'aborder, malgré une défiance bien naturelle, le sujet important que je dois traiter.

C'est que la cavalerie possède, dans son corps d'officiers, une phalange nombreuse de savants écrivains, d'excellents instructeurs avides de faire faire à l'arme qu'ils aiment le plus de progrès possible, et que ces officiers, comprenant les difficultés que j'ai à vaincre, pourront venir en aide à mes efforts.

Je ne suis pas de ceux qui prétendent qu'après eux et leurs ouvrages il n'y a plus rien à dire... Je pense, au contraire, que cet écrit, s'adressant à des hommes pratiques,

intelligents et instruits, à des amis sincères
du cheval, pourra m'attirer des conseils et des
observations fort utiles dont je chercherai
à profiter pour la suite de mes travaux.

Position du cavalier à cheval (1).

279.—Les fesses portant également sur la selle et
le plus en avant possible ;

Les cuisses tournées sans effort sur leur plat,
embrassant également le cheval, ne s'allongeant que
par leur propre poids et par celui des jambes ;

Le pli des genoux liant ;

Les jambes libres et tombant naturellement ;

La pointe des pieds tombant de même ;

Les reins soutenus sans roideur ;

Le corps aisé, libre et droit ;

Les épaules également effacées ;

Les bras libres, les coudes tombant naturellement ;

La tête droite, aisée et dégagée des épaules.

Une rêne du bridon dans chaque main, les doigts
fermés, le pouce allongé sur chaque rêne, les poignets à hauteur du coude, soutenus et séparés à
16 centimètres (6 pouces) l'un de l'autre, les doigts
se faisant face, l'extrémité supérieure des rênes sor-
tant du côté du pouce ;

Les fesses portant également sur la selle. Servant
de base à la position du cavalier, elles doivent être
également chargées de tout le poids du corps pour
assurer son aplomb ;

---

(1) Ce qui est en caractères italiques indique les modifications proposées.

Et le plus en avant possible, afin que le cavalier ait plus de facilité pour embrasser son cheval et rester constamment lié à tous ses mouvements,

Les cuisses tournées sans effort sur leur plat, embrassant également le cheval. Plus les cuisses ont d'adhérence avec le cheval, plus le cavalier a de solidité. Si elles n'embrassaient pas également le cheval, l'assiette du cavalier serait dérangée ;

Ne s'allongeant que par leur propre poids et par celui des jambes. Si elles ne tombaient pas naturellement, elles ne pourraient s'allonger qu'avec effort, ce qui leur ferait contracter de la roideur ;

Le pli des genoux liant, pour donner aux jambes la facilité de se porter plus ou moins en arrière, sans déranger la position des cuisses ;

Les jambes libres et tombant naturellement, la pointe des pieds tombant de même. La roideur des jambes nuirait à la facilité et à la justesse de leur action ;

Les reins soutenus sans roideur. Les reins doivent être soutenus, pour donner au cavalier de la grâce et de la solidité. Leur roideur l'empêcherait de se lier à tous les mouvements du cheval ;

Le corps aisé, libre et droit. Le corps ne peut conserver son aplomb que par la souplesse et l'aisance ;

Les épaules également effacées. Les épaules en avant feraient arrondir le dos et rentrer la poitrine ; trop en arrière, elles feraient creuser les reins et gêneraient l'action des bras ;

Les bras libres, pour ne pas employer plus de force qu'il n'en faut, tout mouvement gêné ne pouvant produire qu'un effet sans justesse ;

Les coudes tombant naturellement, pour qu'ils

contribuent à charger la base, et qu'ils ne communiquent de roideur ni au corps ni aux avant-bras;

La tête droite. Si la tête n'était pas droite, elle entraînerait le corps du côté où elle pencherait;

Aisée et dégagée des épaules, afin de pouvoir la tourner avec aisance, et que ces mouvements soient indépendants de ceux du corps.

Allonger les rênes du bridon.

281.—L'instructeur commande :

Allongez la rêne = GAUCHE (OU DROITE).

1 temps, 2 mouvements.

1. A la dernière partie du commandement, qui est GAUCHE, rapprocher les poignets l'un de l'autre sans les renverser ; saisir la rêne gauche avec le pouce et le premier doigt de la main droite, à 3 centimètres (1 pouce) du pouce gauche.

2. Entr'ouvrir la main gauche et faire couler la rêne jusqu'à ce que les deux pouces se touchent ; refermer la main et replacer les poignets.

Raccourcir les rênes du bridon.

282.—L'instructeur commande :

Raccourcissez la rêne = GAUCHE (OU DROITE).

1 temps, 2 mouvements.

1. A la dernière partie du commandement, qui est GAUCHE, rapprocher les poignets l'un de l'autre sans les renverser ; saisir la rêne gauche avec le pouce et le premier doigt de la main droite, de manière que les pouces se touchent.

2. Entr'ouvrir la main gauche ; élever la main droite et laisser couler la rêne jusqu'à ce que les pouces se trouvent à 3 centimètres (1 pouce) l'un de l'autre ; refermer la main et replacer les poignets.

On allonge et l'on raccourcit la rêne droite suivant les mêmes principes et par les moyens inverses.

Croiser les rênes dans la main gauche.

283. L'instructeur commande :

Croisez vos rênes = DANS LA MAIN GAUCHE.

1 temps.

A la dernière partie du commandement, qui est DANS LA MAIN GAUCHE, renverser le poignet gauche, les ongles en dessous, en l'amenant vis-à-vis du milieu du corps ; entr'ouvrir la main, y passer la partie de la rêne qui était dans la main droite ; refermer la main gauche, et replacer la main droite sur le côté.

Prendre les rênes dans les deux mains.

284. L'instructeur commande :

Séparez=VOS RÊNES.

1 temps.

A la dernière partie du commandement, qui est VOS RÊNES, entr'ouvrir la main gauche ; saisir avec la main droite, les ongles en dessous, la partie de la rêne droite qui est dans la main gauche, et replacer les poignets à 16 centimètres (6 pouces) l'un de l'autre.

Croiser les rênes dans la main droite.

285. L'instructeur commande :

Croisez vos rênes = DANS LA MAIN DROITE.

1 temps.

Comme il est prescrit n° 283, et par les moyens inverses.

Pour employer à ces mouvements le moins de temps possible et les rendre plus faciles à compren-

dre, l'instructeur les démontre en les exécutant lui-
même.

De l'usage des rênes.

286. Les rênes servent à préparer le cheval aux
mouvements qu'il doit exécuter, à le diriger et à
l'arrêter. Leur action doit être progressive et d'accord avec celle des jambes *et du corps*.

Toutes les fois que le cavalier se sert des rênes,
les bras doivent agir avec souplesse, et leurs mouvements doivent s'étendre du poignet à l'épaule.

*La main est spécialement chargée de l'avant-
main.*

De l'usage des jambes.

287.—Les jambes servent à déterminer le cheval
en avant *ou en arrière*, à le soutenir et à l'aider à
tourner à droite ou à gauche. Toutes les fois que le
cavalier veut porter son cheval en avant, il doit
fermer les jambes par degrés derrière les sangles,
et proportionner leur effet à la sensibilité du cheval, ayant l'attention de ne point ouvrir ni remon-
ter les genoux, dont le pli doit être liant. Le cavalier relâche les jambes par degrés, comme il a dû
les fermer.

*Les jambes sont spécialement chargées de l'ar-
rière-main.*

De l'usage du corps.

*Le corps sert également à l'équilibre de l'avant-
main et de l'arrière main du cheval dans tous les
mouvements ; il détermine et modère, souvent il
arrête, son mouvement doit être invisible à l'œil
du spectateur, quel que soit le degré d'inclinaison
nécessaire. Dans la défense ou résistance, le corps*

*du cavalier contrarie le mouvement du cheval et
revient toujours à la position la plus normale,
s'asseyant en se relâchant du bas de la ceinture.
Comme utilité pour le cheval, il agit dans tous les
mouvements favorisant la force contractive de l'a-
nimal, en assurant à chacun des membres le poids
juste qu'il est appelé à projeter ou à retenir.*

De l'effet des rênes, *du corps et* des jambes.

288. — En élevant un peu les poignets et tenant
les jambes près, on rassemble son cheval ; en élevant davantage les poignets, on ralentit son allure ;
en augmentant encore leur effet, on l'arrête et on
le fait reculer. Le cavalier doit élever les poignets
en les rapprochant du corps sans les arrondir.

En ouvrant la rêne droite et fermant la jambe
droite, on détermine son cheval à tourner à droite,
*pourvu que la jambe du dehors se soit fermée la
première, que le corps ait pesé sur le côté du dehors
avant le départ, et du côté du dedans au départ,
que la rêne du dehors soutienne (rênes séparées).*
Pour ouvrir la rêne droite, on porte le poignet droit,
sans le renverser, plus ou moins à droite, suivant
la sensibilité du cheval.

En ouvrant la rêne gauche et fermant la jambe
gauche, on détermine son cheval à tourner à gauche (*même observation que pour tourner à droite*).
Pour ouvrir la rêne gauche, on porte le poignet
gauche, sans le renverser, plus ou moins à gauche,
suivant la sensibilité du cheval.

En baissant *ou, avançant de bas en haut*, un peu
les poignets, on donne à son cheval la liberté de se
porter en avant, et en fermant les jambes, on l'y
détermine.

Marcher.

289. — L'instructeur commande :

1. Cavalier en avant.
2. MARCHE.

Au commandement de : cavalier EN AVANT, *porter le corps légèrement en arrière*, élever un peu les poignets et tenir les jambes près pour rassembler son cheval.

Au commandement : MARCHE, *avancer un peu les poignets en les élevant légèrement*, et *déterminer avec* les jambes (2e *position*) suivant la sensibilité du cheval. Le cheval ayant obéi, replacer les poignets et les jambes par degrés, *ainsi que le corps.*

290. — Si le cavalier ne rassemblait pas son cheval au commandement préparatoire, l'exécution du deuxième commandement serait trop brusque ou trop lente.

Si le cavalier, au commandement d'exécution, ne commençait pas par *avancer un peu les poignets*, le cheval n'aurait pas la liberté nécessaire pour se porter en avant, *et s'il ne les élevait pas légèrement, en les avançant il perdrait son rapport avec la bouche du cheval.*

Si le cavalier ne fermait pas également les jambes, le cheval ne partirait pas droit ; et s'il ne les fermait pas progressivement, le cheval n'obéirait que par à-coup.

Arrêter.

291. — Après quelques pas, l'instructeur commande :

1. Cavalier.
2. HALTE.

Au commandement : cavalier, rassembler son cheval sans ralentir son allure.

Au commandement : HALTE, s'asseoir *en se relâchant un peu du bas du corps*, élever en même temps les poignets par degrés, *en les rapprochant un peu du corps*, et tenir les jambes près pour empêcher le cheval de reculer. Le cheval ayant obéi, replacer les poignets et les jambes par degrés, *ainsi que le corps*.

Lorsque le cheval n'obéit pas, lui faire sentir successivement l'effet de chaque rêne suivant sa sensibilité, ce qui s'appelle scier du bridon (Voir à la *théorie de centaurisation*, page 91).

292.—Si le cavalier serrait les cuisses ou les jambes, le cheval ferait des difficultés pour arrêter.

Si le cavalier ne se servait pas des deux rênes également, et ne tenait pas les jambes également près, le cheval arrêterait de travers.

Si le cavalier se servait des rênes avec trop de force et sans gradation, le cheval arrêterait par à-coup, reculerait et se mettrait sur les jarrets.

A droite, à gauche.

293. — L'instructeur commande :

1. Cavalier à droite (ou à gauche).
2. MARCHE.
3. HALTE.

Au commandement : cavalier à droite, rassembler son cheval *en pesant sur le côté gauche*.

Au commandement : MARCHE, *fermer la jambe gauche progressivement à la troisième position*, ouvrir la rêne droite *en la tirant légèrement*, *peser en même temps sur le côté droit*, et *déterminer avec* la jambe droite *à la seconde position, suivant la sensibilité*. Afin de ne pas tourner son cheval trop court, le déterminer en avant sur un quart de cercle de 3 pas (3 mètres) Le mouvement presque fini, diminuer l'effet de la rêne et de la jambe droite, en soutenant de la rêne et de la jambe gauche pour terminer le mouvement.

Au commandement : HALTE, élever un peu les poignets et tenir les jambes près, pour maintenir le cheval droit dans la nouvelle direction ; replacer les poignets et les jambes par degrés, *ainsi que le corps*.

295.—Si le cavalier ne déterminait pas son cheval en avant pour lui faire décrire l'arc de cercle prescrit, le mouvement serait trop raccourci.

Si le cavalier, vers la fin du mouvement, ne diminuait pas l'effet de la rêne et de la jambe droite en soutenant de la rêne et de la jambe gauche, le cheval ferait plus d'un à-droite.

Demi-tour à droite, demi-tour à gauche.

294. — L'instructeur commande :

   1. Cavalier demi-tour à droite (ou à gauche).
   2. MARCHE.
   3. HALTE.

Ce mouvement s'exécute suivant les principes prescrits pour faire un à-droite ou un à-gauche, avec cette différence que le cheval doit parcourir un demi-cercle de 6 pas (6 mètres), et faire face en arrière.

296.—Afin de mieux faire comprendre au cavalier les mouvements détaillés nᵒˢ 293 et 295, l'instructeur se place à l'épaule du cheval, et figure chaque mouvement à pied, en décrivant l'arc de cercle prescrit.

Quart d'à-droite, quart d'à-gauche.

297.—L'instructeur commande :

8.

1. Cavalier, oblique à droite (ou à gauche).
2. MARCHE.
3. HALTE.

Au commandement : cavalier oblique à droite, rassembler son cheval *en pesant sur le côté gauche*.

Au commandement : MARCHE, *maintenir de la rêne et de la jambe gauche* (3e *position*), ouvrir un peu la rêne droite et *déterminer avec* la jambe droite (2e *position*), *en pesant sur le côté droit*, pour faire exécuter au cheval un quart d'à-droite *sans forcer le degré d'obliquité*.

Au commandement : HALTE, élever un peu les poignets et tenir les jambes près, pour maintenir le cheval dans la direction du quart d'à-droite ; replacer les poignets et les jambes par degrés, *ainsi que le corps*.

L'instructeur commande : HALTE presque immédiatement après le commandement : MARCHE ; il n'exige pas une grande exactitude dans ce mouvement, qui n'a pour but que de donner au cavalier une première notion de la direction oblique.

298.—Les mouvements détaillés n°s 293, 295 et 297, après avoir été exécutés à droite, sont exécutés à gauche, suivant les mêmes principes et par les moyens inverses.

Reculer et cesser de reculer.

299.—L'instructeur commande :

1. Cavalier en arrière.
2. MARCHE.
3. Cavalier.
4. HALTE.

Au commandement : cavalier en arrière, rassembler son cheval *en assurant le corps*.

Au commandement : MARCHE, *déterminer avec les*

jambes sans force (2ᵉ position), tenir la main fixe après l'avoir légèrement élevée, porter le corps un peu en arrière, en appuyant sur les deux côtés. Dès que le cheval obéit, laisser les trois agents fixes où ils seront, jusqu'au moment de halte.

Si le cheval jette les hanches à droite, fermer la jambe droite ; s'il les jette à gauche, fermer la jambe gauche. Si ce moyen ne suffit pas pour remettre le cheval droit, ouvrir la rêne du côté où le cheval jette ses hanches en soutenant de la rêne opposée, ce qui s'appelle opposer les épaules aux hanches.

Au commandement : cavalier, se préparer à ar—rêter.

Au commandement : HALTE, *avancer les poignets en les élevant, ramener le corps droit et tenir les jambes près.* Le cheval ayant obéi, replacer les poignets et les jambes par degrés, *ainsi que le corps.*

300. — Si le cavalier n'assurait pas le corps *au moment du rassembler, il ne pourrait pas faire sentir aussi bien l'influence du poids du corps au moment de la détermination en arrière.*

Si, au lieu d'avoir la main fixe, le cavalier ar—rêtait et rendait, le cheval reculerait par à-coup, se traverserait ; si le cheval recule trop vite, il faut cesser l'effet du corps et avancer un peu la main.

303.—On peut réunir, pour cette deuxième partie, 8 cavaliers, mais pas au delà ; ils sont placés sur la même ligne, à 3 pas (3 mètres) l'un de l'autre. L'in-structeur fait relever et croiser les étriers, après avoir fait monter à cheval.

Deux brigadiers ou cavaliers instruits sont dési-gnés pour être conducteurs ; ils se placent à la droite et à la gauche des cavaliers. Ils conservent leurs étriers.

Le travail se divise en plusieurs reprises, commençant alternativement à main droite et à main gauche.

Marcher à main droite, marcher à main gauche.

304.—L'instructeur commande :

1. Cavaliers, à droite (ou à gauche).
2. MARCHE.
3. En = AVANT.

Aux premier et deuxième commandements, les cavaliers se conforment à ce qui est prescrit pour faire un à-droite de pied ferme, n° 293.

A la dernière partie du troisième commandement, qui est AVANT, les cavaliers *avançant les poignets en les élevant un peu et déterminant avec* les jambes *à la 2ᵉ position,* marchent droit devant eux et suivent le conducteur. *Le cheval ayant obéi, ils replacent les poignets et les jambes.*

A l'extrémité du manége, le conducteur tourne à droite, et les cavaliers se trouvent alors marcher à main droite, ayant entre eux la distance de 1 mètre 1/3 (4 pieds) de tête à croupe.

305.—Le cavalier marche à main droite lorsqu'il a le côté droit en dedans du manége. Il marche à main gauche quand c'est le côté gauche.

306.—L'instructeur suit les cavaliers en se tenant sur le côté de la piste.

Il veille à ce que leur assiette ne soit pas dérangée, et leur recommande de se lier avec souplesse à tous les mouvements du cheval.

Passant d'un cavalier à l'autre, il s'occupe successivement de tous les détails de la position de chacun, de manière à les instruire sans les troubler.

Tourner à droite, tourner à gauche, en marchant.

307.—Les cavaliers suivent le conducteur et font, en arrivant aux angles du manége, un à-droite (ou un à-gauche) en marchant. L'instructeur leur recommande d'avancer la hanche et l'épaule du dehors sans se pencher en dedans, afin de se lier au mouvement du cheval,

Arrêter et repartir.

308.—Les cavaliers marchant en colonne sur l'un des grands côtés, l'instructeur commande :

    1. Cavaliers.
    2. Halte.

Les cavaliers arrêtent, comme il est prescrit nº 291.

Pour les remettre en mouvement, l'instructeur commande :

    1. Cavaliers en avant.
    2. Marche.

Les cavaliers se portent en avant, comme il est prescrit nº 289.

309.—L'instructeur fait fréquemment arrêter et repartir, pour mieux habituer les cavaliers à conduire leurs chevaux ; il veille à ce que le corps ne penche pas en avant dans le moment de l'arrêt, et à ce qu'il ne reste pas en arrière en se mettant en marche, *mais qu'il soit naturellement et assis*; lorsque les cavaliers sont arrêtés, il rectifie leur position.

Passer du pas au trot et du trot au pas.

310.—Les cavaliers commençant à s'habituer au mouvement du cheval, l'instructeur les fait passer au trot. Lorsqu'ils sont en colonne sur l'un des grands côtés, il commande :

1. Au trot.
2. MARCHE.

Au commandement : au trot, rassembler son cheval sans augmenter son allure, *en portant le corps légèrement en arrière*.

Au commandement : MARCHE, *avancer* un peu les poignets *en les élevant légèrement*, et *déterminer avec* les jambes (*2ᵉ position*) suivant la sensibilité du cheval. Dès que le cheval obéit, replacer les poignets et les jambes par degrés, *ainsi que le corps*.

311. — L'instructeur n'emploie d'abord cette allure qu'avec réserve et à un trot modéré, afin que les hommes ne perdent pas leur position.

Il s'applique à leur faire comprendre que c'est en restant bien assis et en relâchant, sans s'abandonner, toutes les parties du corps, notamment les cuisses et les jambes, que l'on parvient à acquérir l'aisance et la solidité nécessaires. Il veille aussi à ce que cette allure ne les porte pas à s'attacher aux rênes.

Lorsqu'il s'aperçoit que leur position est dérangée, il fait reprendre le pas et même arrêter.

312. Pour faire passer du trot au pas, l'instructeur commande :

1. Au pas.
2. MARCHE.

Au commandement : au pas, rassembler son cheval *en portant le corps légèrement en arrière* sans ralentir l'allure.

Au commandement : MARCHE, élever les poignets par degrés, *en les rapprochant du corps suivant la sensibilité du cheval*, et tenir les jambes près, pour empêcher le cheval de s'arrêter. Dès que le cheval obéit, replacer les poignets et les jambes par degrés, *ainsi que le corps.*

Changements de main.

313. — Quand les cavaliers ont marché quelque temps à main droite (ou à main gauche), pour les faire changer de main dans la largeur du manége, sans arrêter, l'instructeur commande :

1. Tournez == (à) DROITE (ou à GAUCHE).
2. En == AVANT.

A la dernière partie du premier commandement, qui est DROITE, le conducteur tourne à droite.

A la dernière partie du deuxième commandement, qui est AVANT, il se porte droit devant lui et traverse le manége dans sa largeur, suivi des autres cavaliers.

Le conducteur étant à deux pas de la piste opposée, l'instructeur commande :

1. Tournez == (à) GAUCHE (ou à DROITE.)
2. En == AVANT.

A la dernière partie du premier commandement, qui est GAUCHE, le conducteur tourne à gauche, et à la dernière partie du deuxième commandement, qui est AVANT, il suit la piste.

Tous les autres cavaliers tournent successivement sur le même terrain où le conducteur a tourné.

L'instructeur fait exécuter ces changements de main au pas et au trot.

Croiser les rênes alternativement dans les deux mains et les séparer en marchant.

314. — L'instructeur fait croiser et séparer les rênes en marchant, comme il est prescrit nᵒˢ 283, 284 et 285.

Le cavalier, soit pour croiser les rênes, soit pour les séparer, doit éviter d'agir brusquement ; il doit tenir les jambes près, pour empêcher le ralentissement de l'allure.

Les rênes étant croisées, le cavalier, pour tourner à droite, porte la main en avant et à droite ; pour tourner à gauche, il porte la main en avant et à gauche, les ongles toujours en dessous.

A droite ou à gauche par cavalier, en marchant.

315.—Les cavaliers marchant en colonne et étant arrivés vers le milieu de l'un des grands côtés, l'instructeur commande :

1. Cavaliers à droite (ou à gauche).
2. MARCHE.
3. En = AVANT.

Au commandement : cavaliers à droite, rassembler son cheval.

Au commandement : MARCHE, chaque cavalier exécute un à-droite en marchant.

A la dernière partie du troisième commandement, qui est AVANT, chaque cavalier se porte droit devant lui.

Les cavaliers étant à deux pas de la piste opposée, l'instructeur commande :

1. Cavaliers à droite (ou à gauche).
2. MARCHE.
3. En = AVANT.

Au commandement : MARCHE, chaque cavalier exécute un à-droite suivant les mêmes principes, et à la dernière partie du 3e commandement, qui est AVANT, tous rentrent sur la piste.

L'instructeur fait répéter les mêmes mouvements

pour remettre les cavaliers dans l'ordre où ils étaient précédemment.

Demi-tour à droite ou demi-tour à gauche par cavalier, en marchant à la même hauteur.

316.—Les cavaliers ayant fait un à-droite comme il vient d'être expliqué, et étant près d'arriver à la piste opposée, l'instructeur commande :

    1. Cavaliers, demi-tour à droite (ou à gauche),
    2. MARCHE.
    3. En = AVANT.

Au commandement : cavaliers, demi-tour à droite, rassembler son cheval.

Au commandement : MARCHE, chaque cavalier execute un demi-tour à droite en marchant, suivant les principes prescrits n° 295.

A la dernière partie du troisième commandement, qui est AVANT, chaque cavalier se porte droit devant lui.

L'instructeur fait le commandement : MARCHE, au moment où les cavaliers arrivent à 2 pas (2 mètres) de la piste ; il remet ensuite les cavaliers en colonne sur la piste opposée, par le mouvement de cavaliers à droite (ou à gauche).

Demi-tour à droite, ou demi-tour à gauche, par cavalier, en marchant en colonne.

317. — Les cavaliers marchant en colonne, et le conducteur étant près d'arriver à l'extrémité de l'un des grands côtés du manége, l'instructeur commande :

    1. Cavaliers, demi-tour à droite (ou à gauche).
    2. MARCHE.
    3. En = AVANT.

Au commandement : cavaliers, demi-tour à droite, rassembler son cheval.

Au commandement : MARCHE, chaque cavalier exécute un demi-tour à droite en marchant.

À la dernière partie du troisième commandement, qui est AVANT, chaque cavalier se porte droit devant lui.

En arrivant au petit côté opposé, le conducteur tourne à gauche sans commandement ; l'instructeur remet les cavaliers dans l'ordre où ils étaient précédemment, en faisant exécuter le mouvement inverse.

318.—Les à-droite, les à-gauche, les demi-tours à droite, les demi-tours à gauche en marchant, ont pour but, dans cette leçon, d'habituer les cavaliers à faire tourner leurs chevaux dans tous les sens ; l'instructeur fait exécuter ces mouvements au pas seulement ; il ne s'attache pas à l'ensemble, mais il surveille et rectifie avec le plus grand soin les moyens employés par chaque cavalier pour faire tourner son cheval.

Dans le travail à main droite, l'instructeur fait exécuter des à-droite et demi-tours à droite ; et, dans le travail à main gauche, des à-gauche et demi-tours à gauche ; lorsque les cavaliers ont acquis l'habitude de ces mouvements, l'instructeur fait exécuter indistinctement des demi-tours à droite et des demi-tours à gauche, et rentrer sur les pistes par des à-droite ou des à-gauche sans avoir égard au changement de main.

319.—Pour faire repos, l'instructeur fait exécuter aux cavaliers un à-droite ou un à-gauche, lorsqu'ils se trouvent sur le milieu de l'un des grands côtés du manége, et il les fait arrêter hors de la piste.

Pour recommencer le travail, il les remet en mouvement par un à-droite ou un à-gauche

Pour terminer le travail, l'instructeur fait abattre et chausser les étriers, mettre pied à terre et défiler.

De l'éperon.

324.—L'instructeur explique aux cavaliers l'usage et l'effet de l'éperon.

Si le cheval n'obéit pas aux jambes, il faut employer l'éperon.

L'éperon n'est pas un aide, c'est un moyen de châtiment. Il ne faut s'en servir que rarement; *dans les défenses* toujours vigoureusement, et à l'instant même où le cheval commet la faute.

Pour faire usage des éperons, il faut assurer le corps, la ceinture et les poignets, se lier au cheval des cuisses, des jarrets et des gras de jambes; tourner la pointe des pieds un peu en dehors; *avancer* un peu les poignets *en élevant*, appuyer ferme les éperons derrière les sangles *en portant le corps légèrement en arrière et se relâchant du bas du corps*, et les y laisser jusqu'à ce que le cheval ait obéi; replacer alors les poignets et les jambes par degrés, *ainsi que le corps*.

Lorsque les cavaliers doivent faire usage des éperons, ce qui s'appelle pincer des deux, l'instructeur veille à ce qu'ils ne s'attachent pas aux rênes, ce qui contrarierait l'effet des éperons.

Il veille également à ce que les cavaliers ne s'en servent jamais mal à propos.

325.—Pour conduire les cavaliers au manége, l'instructeur commande :

1. Par file à droite (ou à gauche).
2. MARCHE.

Au commandement : par file à droite, rassembler son cheval.

Au commandement : MARCHE, le cavalier de la droite de chaque rang exécute un à-droite, et se porte en avant, le cavalier du deuxième rang se rapprochant dans son mouvement à 1 pas (1 mètre) de celui du premier rang.

Ce mouvement est exécuté par tous les autres cavaliers successivement.

Marcher à main droite ou à main gauche.

326. — En entrant dans le manége, l'instructeur dirige sa troupe parallèlement aux grands côtés, et, lorsque la tête de la colonne arrive vers le milieu, il commande :

1. Tournez à gauche et à droite.
2. En = AVANT.

Le conducteur du premier rang tourne à gauche, et celui du deuxième rang tourne à droite ; au moment où les conducteurs sont à deux pas de la piste, l'instructeur commande :

1. Tournez = (à) DROITE.
2. En = AVANT.

Les deux colonnes se trouvent alors marcher à main droite et à la même hauteur.

L'instructeur fait prendre 1 mètre 1/3 (4 pieds) de distance de tête à croupe.

Les conducteurs règlent l'allure de leurs chevaux de manière à arriver en même temps aux angles opposés du manége, le conducteur du deuxième rang se réglant sur celui du premier.

L'instructeur veille à ce que la position des cavaliers devienne de plus en plus régulière ; à ce qu'ils marchent à une allure franche et bien égale ;

à ce qu'ils tiennent leurs chevaux droits et regardent constamment devant eux pour se maintenir dans la direction des conducteurs ; à ce qu'ils observent leurs distances et reprennent avec modération celles qu'ils auraient perdues.

327. — Un cheval est droit quand ses épaules et ses hanches sont sur la même ligne.

Si, en marchant à droite, le cheval porte ses épaules à droite, il faut ouvrir un peu la rêne gauche et tenir la jambe droite près.

Si le cheval porte ses hanches à droite, il faut fermer un peu la jambe droite et sentir un peu la rêne gauche.

Si le cheval se jette en dedans du manége, il faut, pour le ramener sur la piste, ouvrir la rêne du dehors et fermer la jambe du dedans.

328. — L'instructeur rappelle aux cavaliers les principes prescrits n° 307, pour tourner à droite ou à gauche, et leur recommande de rassembler leurs chevaux un peu avant d'arriver à chaque coin.

Il ne faut pas exiger que les chevaux entrent parfaitement dans les coins, mais il ne faut pas, non plus, qu'ils les arrondissent trop. Passer un coin à droite, c'est exécuter un à-droite en marchant ; passer un coin à gauche, c'est exécuter un a-gauche en marchant ; les cavaliers doivent donc agir comme s'il n'y avait pas de murs, et le mouvement de chacun d'eux devant être indépendant de celui du cavalier qui est devant lui, leurs mains, leurs jambes *et le poids du corps* doivent seuls décider leurs chevaux à tourner à droite ou à gauche.

Passer du pas au trot et du trot au pas.

329. — Les cavaliers marchant en colonne sur

les grands côtés, l'instructeur les fait passer au trot.

Toutes les fois qu'on passe d'une allure lente à une allure plus vive, comme du pas au trot, il faut commencer lentement cette dernière allure et la porter peu à peu au degré prescrit.

Les cavaliers marchant au trot et en colonne sur les grands côtés, l'instructeur les fait passer au pas.

Toutes les fois qu'on passe d'une allure vive à une allure plus lente, comme du trot au pas, il faut commencer cette dernière allure le plus allongée possible, et la réduire peu à peu au degré indiqué.

L'instructeur fait passer fréquemment du pas au trot et du trot au pas, afin d'accoutumer les cavaliers aux changements d'allure.

330.—Changement de direction dans la largeur du manége.

Voir les changements de main n° 313

Changement de direction dans la longueur du manége.

331.—Ce changement de direction s'exécute suivant les mêmes principes que celui dans la largeur, en observant que l'instructeur, pour le commencer, commande : tournez à l'instant où les conducteurs arrivent au premier angle du manége, et qu'il commande (à) DROITE (OU à GAUCHE), lorsqu'ayant passé le coin, ils sont à 3 pas (3 mètres) du milieu du petit côté

Les cavaliers traversent alors le ménage dans sa longueur, en ligne droite, sans se toucher, se laissant mutuellement à gauche, et rentrent sur la piste aux commandements :

1. Tournez == (à) GAUCHE (ou à DROITE).
2. En == AVANT.

Changement de direction diagonal.

332.—Lorsque les conducteurs ont dépassé le deuxième coin et qu'ils sont arrivés sur les grands côtés, l'instructeur fait exécuter un changement de direction diagonal aux commandements :

1. Tournez == (à) DROITE (ou à GAUCHE).
2. En == AVANT.

A la dernière partie du premier commandement, qui est DROITE, les conducteurs font un demi-à-droite.

A la dernière partie du deuxième commandement, qui est AVANT, ils se portent droit devant eux, traversent le manége diagonalement, se laissant mutuellement à gauche, et rentrent sur la piste aux commandements :

1. Tournez == (à) DROITE (ou à GAUCHE),
2. En == AVANT.

Tous les autres cavaliers exécutent successivement le même mouvement en venant tourner sur le même terrain où les conducteurs ont tourné.

L'instructeur fait le commandement : en==AVANT assez à temps pour que les conducteurs n'exécutent que la moitié d'un à-droite ou d'un à-gauche.

Changement de direction oblique par cavalier.

333. —L'instructeur fait commencer un changement de direction dans la longueur du manége, et aussitôt que les cavaliers, après avoir tourné vers le milieu du petit côté, se trouvent tous dans la même direction, il commande :

1. Colonne.
2. HALTE.

Les cavaliers arrêtent tous à la fois bien droit et à leurs distances.

L'instructeur fait exécuter aux cavaliers un quart d'à-droite (ou d'à-gauche) de pied ferme, comme il est prescrit au n° 297.

Ce mouvement exécuté, l'instructeur s'assure de l'exactitude des directions et des intervalles, et il commande :

1. Cavaliers, en avant.
2. MARCHE.

Lorsqu'ils arrivent à 1 pas (1 mètre) de la piste, l'instructeur commande :

En = AVANT.

Les cavaliers marchent à une allure bien égale, chacun dans la direction qu'il a prise.

A la dernière partie du commandement, qui est AVANT, redresser son cheval par un quart d'à-gauche en avançant ; avoir la main légère et les jambes près, pour suivre la piste.

L'instructeur fait répéter ces mouvements sans arrêter ; à cet effet, après avoir commencé le changement de direction dans la longueur, aussitôt que les deux rangs se trouvent en colonne au milieu du manége, il commande :

1. Cavaliers, oblique à droite (ou à gauche).
2. MARCHE.
3. En = AVANT.

Au commandement : cavaliers, oblique à droite, rassembler son cheval.

Au commandement : MARCHE, exécuter un quart d'à-droite ; cette direction étant prise, avoir les jambes également près, et marcher droit devant soi à la même allure.

A la dernière partie du troisième commandement, qui est AVANT, redresser son cheval.

334.—Dans tous ces changements de direction, l'instructeur se règle, pour faire ses commandements, sur celui des deux conducteurs qui se trouve le plus avancé, sauf à rectifier ensuite la faute commise par celui qui a augmenté ou ralenti l'allure.

Marche circulaire.

335.—Lorsque les conducteurs sont arrivés vers le tiers des grands côtés, l'instructeur commande :

1. En cercle à droite (ou à gauche).
2. MARCHE.

Au commandement : en cercle à droite, les conducteurs, et successivement les cavaliers, rassemblent leurs chevaux.

Au commandement : MARCHE, les conducteurs décrivent un cercle entre les deux pistes ; ils sont suivis des autres cavaliers, qui marchent exactement dans la même direction.

336.—Tout cheval qui travaille en cercle doit être ployé dans la direction de la ligne qu'il parcourt. *A cet effet, le cavalier le met dans la direction avec la rêne du dedans en maintenant avec la rêne du dehors la jambe du dehors derrière les sangles (3ᵉ position) et se fermant la première, la jambe du dedans (2ᵉ position) déterminant et entretenant l'allure, le corps pesant du côté opposé avant le départ sur le cercle et pesant du côté du dedans au moment du départ et tout le temps du mouvement sur le cercle.*

9.

337.—Si le cavalier ne sentait pas un peu plus la rêne du dedans, le cheval quitterait la ligne circulaire, et s'il ne le soutenait pas de la rêne du dehors, le cheval rétrécirait son cercle.

Si le cavalier ne sentait pas un peu plus la jambe du dedans, les hanches du cheval ne passeraient pas par les mêmes points que les épaules, et s'il ne le contenait pas de la jambe du dehors, les hanches se jetteraient en dehors du cercle.

Changements de main sur le cercle.

338.—L'instructeur commande :

  1. Tournez à DROITE (ou à GAUCHE).
  2. En = AVANT.

A la dernière partie du premier commandement, qui est DROITE, les conducteurs tournent à DROITE.

A la dernière partie du deuxième commandement, qui est AVANT, ils se portent droit devant eux et se dirigent, en passant par le centre, vers le point opposé de la circonférence.

Lorsque les conducteurs sont à deux pas de ce point, l'instructeur commande :

  1. Tournez = à GAUCHE (ou à DROITE).
  2. En = AVANT.

A la dernière partie du premier commandement, qui est GAUCHE, les conducteurs tournent à gauche.

A la dernière partie du deuxième commandement, qui est AVANT, ils rentrent sur le cercle à la nouvelle main.

Tous les autres cavaliers suivent exactement la direction des conducteurs.

L'instructeur fait travailler en cercle et changer de main au trot suivant les mêmes principes.

Dans la marche circulaire, surtout à une allure

vive et sur un cercle étroit, il veille à ce que les cavaliers conservent exactement le même degré d'inclinaison que leurs chevaux, et se maintiennent dans la direction suivie, sans laisser en arrière l'épaule ni la hanche du dehors.

Lorsque l'instructeur veut faire reprendre le travail sur la ligne droite, il a soin de faire remettre les conducteurs à la même hauteur ; et lorsqu'ils arrivent sur la piste des grands côtés, il commande :

En == AVANT.

A la dernière partie du commandement, qui est AVANT, les conducteurs redressent leurs chevaux, reprennent la piste, et sont suivis des autres cavaliers.

Longueur des étriers.

340.—Avant de faire commencer le travail, l'instructeur s'assure que les étriers sont ajustés.

Ils sont au point convenable si, le cavalier s'élevant sur les étriers, il y a un espace de 11 à 14 centimètres (4 à 5 pouces) entre l'enfourchure et la selle.

Position du pied dans l'étrier.

341. — L'étrier ne doit porter que le poids de la jambe ; le pied doit être chaussé jusqu'au tiers, le talon plus bas que la pointe du pied.

L'étrier ne doit porter que le poids de la jambe. Si le cavalier prenait un trop grand appui sur les étriers, cela dérangerait son assiette ainsi que la la position des jambes, et nuirait à la justesse de leur action.

Le pied doit être chaussé jusqu'au tiers. Si le cavalier ne chaussait pas les étriers assez avant, il risquerait de les perdre, surtout aux allures vives ; s'il les chaussait trop, les jambes ne tomberaient plus naturellement.

Le talon plus bas que la pointe du pied, afin que le pied puisse conserver l'étrier sans effort et sans roideur ; que le jeu de son articulation avec la jambe reste libre, et que, l'éperon étant plus éloigné du cheval, on ne risque pas de l'employer mal à propos.

342.—A droite ou à gauche par cavalier en marchant. — Voir n° 315.

343. — Demi-tour à droite ou demi-tour à gauche, les cavaliers marchant à la même hauteur.—Voir n° 316.

344.—Demi-tour à droite ou demi-tour à gauche, les cavaliers marchant en colonne.— Voir n° 317.

Passer successivement de la tête à la queue de la colonne.

345.—Pour habituer les cavaliers à être maîtres de leurs chevaux, les obliger à se servir des rênes et des jambes, et pour accoutumer aussi les chevaux à se séparer les uns des autres, l'instructeur fait passer fréquemment les cavaliers de la tête à la queue de la colonne ; chacun d'eux, devenant à son tour conducteur, se règle en conséquence.

Ce mouvement s'exécute successivement dans les deux colonnes, au simple avertissement de l'instructeur, par deux demi-tours à droite (ou deux demi-tours à gauche).

Le cavalier désigné pour passer à la queue de la colonne rassemble son cheval et exécute son mouvement en avançant, de manière à ne pas retarder ceux qui sont derrière lui. Il tient la jambe du dehors près pour ne pas décrire un demi-cercle de plus de six pas ; il marche ensuite parallèlement à la colonne, et lorsqu'il est rentré sur la piste par un deuxième demi-tour, il serre à un mètre 1/3 (4 pieds) de distance du dernier cavalier.

Le cavalier qui suit, et qui devient conducteur, doit rassembler son cheval et le contenir de la rêne du dehors et de la jambe du dedans, pour l'empêcher de suivre celui qui sort de la colonne.

L'instructeur fait aussi sortir les cavaliers de la colonne sans commencer par celui de la tête. Dans ce cas, il prescrit aux cavaliers qui suivent celui désigné de serrer à distance ; ou, s'il le juge nécessaire, pour habituer les cavaliers à maintenir leurs chevaux, il fait conserver vide la place du cavalier sorti.

Lorsque les cavaliers ont été ainsi déplacés, l'instructeur fait arrêter et rentrer chacun à sa place avant de passer à un autre mouvement.

Etant de pied ferme, partir au trot

346. — Les cavaliers étant en colonne sur les grands côtés, l'instructeur commande :

.1. Colonne en avant.
2. Au trot.
3. MARCHE.

Au commandement : au trot, rassembler son cheval *en portant le corps un peu en arrière.*

Au commandement MARCHE, *avancer un peu* les poignets *en les élevant légèrement* et fermer les jambes progressivement (2ᵉ *position*) ; dès que le cheval obéit, replacer les poignets et les jambes par degrés, *ainsi que le corps.*

Marchant au trot, arrêter.

347. — Les cavaliers marchant au trot et en colonne sur les grands côtés, l'instructeur commande :

    1. Colonne.
    2. HALTE.

Au commandement : colonne, rassembler son cheval *en portant le corps un peu en arrière.*

Au commandement : HALTE, élever les poignets *en
les rapprochant du corps* par degrés, jusqu'à ce que
le cheval arrête, et tenir toujours les jambes près,
pour éviter qu'il ne se traverse ou *ne tombe ou ne
recule après l'arrêt.* Le cheval ayant obéi, replacer
les poignets et les jambes par degrés, *ainsi que le
corps.*

L'instructeur exige que tous les cavaliers partent
franchement au trot au commandement MARCHE, et
qu'ils arrêtent tous à la fois et sans à-coup au commandement HALTE.

Passer du trot au grand trot et du grand trot au trot.

348. — Les cavaliers marchant au trot et en colonne
sur les grands côtés, l'instructeur commande :

    ALLONGEZ.

Au commandement : ALLONGEZ, *avancer* un peu
les poignets *en les soutenant* et fermer les jambes
progressivement ; dès que le cheval obéit, replacer
les poignets et les jambes par degrés.

L'allure étant allongée à un degré convenable,
l'instructeur veille à ce que les cavaliers y maintiennent leurs chevaux.

Il donne une attention particulière à la position
des cavaliers. Il leur rappelle que c'est en tenant le

corps droit *comme l'homme assis*, en ayant la main légère, les reins souples, *se relâchant du bas de la ceinture et rentrant le nombril dans les réactions*, et en laissant tomber sans force les cuisses et les jambes, qu'ils peuvent diminuer l'effet des réactions du cheval, et parvenir à se lier à tous ses mouvements.

Pour empêcher les chevaux de forger et de s'abandonner sur les épaules, il faut élever les poignets et tenir les jambes plus ou moins près.

L'instructeur ne fait faire à cette allure allongée qu'un ou deux tours au plus à chaque main ; en la prolongeant davantage, on pourrait mettre les chevaux hors de leur aplomb et détruire l'égalité des allures.

349. — Pour faire passer du grand trot au trot, l'instructeur commande :

RALENTISSEZ.

Au commandement : RALENTISSEZ, *porter le corps légèrement en arrière*, élever les poignets par degrés et tenir les jambes près, pour empêcher le cheval de prendre le pas ; dès que le cheval obéit, replacer les poignets et les jambes par degrés, *ainsi que le corps*.

Passer du trot au galop.

350.—Lorsque les cavaliers ont acquis de la souplesse et de l'assurance, et qu'ils conservent au trot une position régulière, l'instructeur leur fait faire quelques tours au galop. Il ne leur explique pas encore le mécanisme de cette allure ni les moyens d'en assurer la justesse ; il exige seulement que chaque cavalier reste exactement lié avec son cheval, sans perdre sa position.

Avant de commencer ce travail, l'instructeur fait former la colonne, composée du deuxième rang, lorsqu'elle arrive sur l'un des petits côtés du manége, en lui faisant faire FRONT et HALTE, comme il est prescrit n° 339, ayant l'attention de porter les cavaliers à 6 pas (6 mètres) en avant de la piste.

Les cavaliers du premier rang continuent de marcher, prennent entre eux 4 pas (4 mètres) de distance, passent au trot et prennent successivement le galop au simple avertissement de l'instructeur, ainsi qu'il suit :

En approchant du coin, *peser sur le côté gauche*, allonger le trot et *soutenir* son cheval, sentant un peu *plus* la rêne gauche pour contenir l'épaule gauche, et laisser l'épaule droite entièrement libre.

Avant de passer le coin, il faut mettre la jambe gauche à la 3ᵉ position, déterminer avec la jambe droite à la 2ᵉ position, peser en même temps sur le côté droit ; le galop obtenu, entretenir l'action avec la jambe droite, la jambe gauche un peu plus en arrière pour maintenir le côté du dehors, le corps d'aplomb à sa position ordinaire.

Après un ou deux tours au plus, les cavaliers passent du galop au trot et du trot au pas. L'instructeur les fait changer de main dans la largeur, et recommence le même travail à main gauche. Il fait ensuite former les cavaliers comme ceux du deuxième rang, sur le petit côté opposé.

Les cavaliers du deuxième rang exécutent à leur tour le même travail.

Appuyer à droite ou à gauche, la tête au mur.

351.—Les deux colonnes marchant au pas sur les grands côtés, l'instructeur fait exécuter le mouvement : cavaliers, à droite ou à gauche, comme il est prescrit au n° 342 ; mais il faut arrêter lorsque les chevaux arrivent la tête au mur, sur la piste opposée, et il commande :

1. Appuyez à droite (ou à gauche).
2. MARCHE.
3. Cavaliers.
4. HALTE.

Au commandement : appuyez à droite, déterminer les épaules de son cheval à droite, en ouvrant un peu la rêne droite, et fermant un peu la jambe droite.

Ce mouvement n'est que préparatoire ; il indique au cavalier que les épaules de son cheval doivent toujours ouvrir la marche et précéder le mouvement des hanches.

Au commandement : MARCHE, ouvrir la rêne droite pour déterminer son cheval à droite, en fermant la jambe gauche pour faire suivre les hanches, *peser à droite. La rêne gauche appuyant sur l'encolure, la rêne droite mettant le bout du nez du cheval à droite, la jambe droite près pour soutenir le cheval, l'empécher de reculer et le porter en avant,* se servir en même temps de la rêne gauche et de la jambe droite pour soutenir le cheval et modérer son mouvement.

Après quelques pas sur le côté, l'instructeur fait arrêter.

Au commandement : HALTE, cesser insensiblement l'effet de la rêne droite et de la jambe gauche, en soutenant de la rêne et de la jambe opposées ; redresser son cheval et replacer les poignets et les jambes par degrés, *ainsi que le corps.*

Pour appuyer à gauche et cesser d'appuyer, mêmes principes et moyens inverses.

352.—L'instructeur fait d'abord exécuter ce mouvement homme par homme, et ensuite par tous à la fois. Il explique à chacun les moyens à employer pour faire appuyer son cheval.

Le cavalier doit toujours tenir son cheval obliquement à la piste, afin de rendre son mouvement plus facile ; il doit commencer ce mouvement modérément et regarder le côté vers lequel il appuie, sans incliner le corps du côté opposé, ce qui dérangerait son aplomb et gênerait le mouvement du cheval, *tandis qu'en pesant à droite il suit le mouvement de l'animal.*

Le cheval obéissant aux *agents*, le cavalier doit en continuer l'effet sans à-coup.

Si le cheval force sa direction oblique, le cavalier doit le redresser en augmentant l'effet de la rêne et de la jambe gauches.

Si, au contraire, le cheval conserve une direction perpendiculaire au mur, ou bien encore si les hanches devancent les épaules, le cavalier le replace obliquement à droite, en augmentant l'effet de la rêne et de la jambe droites.

Si le cheval précipite son mouvement sur le côté, il faut diminuer l'effet de la rêne droite et de la jambe gauche, en augmentant celui de la rêne gauche et de la jambe droite, *et diminuer l'action du poids du corps à droite.*

Si le cheval se porte en avant contre le mur, il faut diminuer l'effet des jambes et augmenter celui des mains, en arrêtant et rendant *dès que le cheval obéit à l'opposition de la main.*

Si, au contraire, il recule, il faut augmenter l'effet des jambes et diminuer celui des mains, en déterminant toujours les épaules du cheval du côté vers lequel on appuie, car c'est ordinairement la gêne qu'il éprouve lorsque le mouvement des épaules ne précède pas celui des hanches qui le fait reculer.

Appuyer à droite ou à gauche, étant en colonne.

333. — Après avoir appuyé, la tête au mur, les cavaliers étant rentrés sur la piste et marchant à main droite ou à main gauche, l'instructeur fait commencer un changement de direction dans la longueur du manége, et lorsque les deux colonnes se trouvent à côté l'une de l'autre, il fait arrêter et fait exécuter le mouvement : appuyez à droite ou à gauche.

Lorsque les cavaliers sont prés d'arriver à la piste, l'instructeur fait arrêter de nouveau.

Les chevaux étant calmés, il fait appuyer à gauche, et chaque cavalier revient à la place où il s'était d'abord arrêté, au milieu du manége.

L'instructeur peut aussi, lorsque les cavaliers ont appuyé jusqu'à la piste, les faire marcher en colonne sur cette même piste, afin de ne pas tenir les chevaux trop longtemps de suite au mouvement d'appuyer.

334. — Lorsque les cavaliers ont appuyé, la tête au mur, l'instructeur fait quelquefois exécuter le mouvement de reculer et cesser de reculer, comme il est prescrit n° 299.

335. — Pendant les derniers jours de cette leçon, l'instructeur fait de temps à autre croiser les rênes dans la main gauche, afin que les cavaliers, conduisant leurs chevaux avec cette main seulement, se trouvent préparés au travail en bride ; il veille à ce que chaque cavalier se maintienne bien carrément sur son cheval.

356.—Pour terminer la leçon et rentrer au quartier, l'instructeur se conforme à ce qui est prescrit n° 339.

Position de la main de la bride.

358.—Les rênes avec leur bouton coulant dans la main gauche, le petit doigt entre les deux rênes, les doigts bien fermés, et le pouce sur la seconde jointure du premier doigt pour les contenir égales ; le coude un peu détaché du corps ; la main à 11 centimètres (4 pouces) au-dessus du pommeau de la selle, ou à 3 centimètres (1 pouce) de la schabraque ; les doigts à 16 centimètres (6 pouces) et en face du corps ; le petit doigt un peu plus près du corps que le haut du poignet, la main droite tombant sur le côté.

Ajuster les rênes.

359.—L'instructeur commande :

AJUSTEZ = VOS RÊNES.

2 temps.

1. A la première partie du commandement, qui est AJUSTEZ, saisir les rênes avec le pouce et le premier doigt de la main droite, au-dessus et près du pouce gauche ; les élever perpendiculairement, en glissant la main droite jusqu'au bouton, les derniers doigts ouverts, les ongles en avant, le coude à 16 centimètres (6 pouces) plus bas que la main, entr'ouvrir les doigts de la main gauche, le pouce élevé, pour égaliser les rênes ; sentir légèrement l'appui du mors, et tenir les jambes près pour contenir le cheval.

2. A la dernière partie du commandement, qui est VOS RÊNES, fermer la main gauche, laisser tom-

ber les rênes et la main droite sur le côté, et relâcher les jambes.

Prendre le filet de la main droite.

360.—L'instructeur commande :

Prenez le filet = DE LA MAIN DROITE.

1 temps.

A la dernière partie du commandement, qui est
DE LA MAIN DROITE, prendre le filet par le milieu
avec les quatre doigts de la main droite, les ongles
en dessous, sans baisser le corps ; tenir le filet par-
dessus les rênes de la bride, et baisser la main gauche pour ne plus sentir l'effet du mors.

361.—En se servant alternativement de la bride
et du filet, on rafraîchit les barres de son cheval ; mais il ne faut jamais se servir des deux à la
fois.

L'instructeur fait prendre le filet de la main
droite pendant le commencement du travail en
bride, pour rendre le changement de position moins
brusque, et ramener le côté droit sujet à rester en
arrière.

Lâcher le filet.

362.—L'instructeur commande :

Lâchez = LE FILET.

1 temps.

A la dernière partie du commandement, qui est
LE FILET, replacer la main gauche et laisser tomber
les rênes du filet, de manière qu'elles se placent sous celles de la bride, la main droite sur le
côté.

Des mouvements principaux de la main de la bride.

363.—En élevant un peu la main et la rapprochant du corps, on rassemble son cheval ; en l'élevant davantage, on ralentit son allure. En augmentant l'effet de la main, on arrête le cheval, et en l'augmentant encore, on le fait reculer.

En baissant un peu la main *ou en l'avançant de bas en haut*, on donne à son cheval la liberté de se porter en avant.

En portant la main en avant et à droite, on détermine son cheval à tourner à droite.

En portant la main en avant et à gauche, on détermine son cheval à tourner à gauche.

Dès que le cheval obéit, le cavalier reprend la position de la main de la bride.

Dans tous les mouvements de la main, le bras doit agir librement sans que l'épaule se roidisse et sans communiquer de force au corps ; l'effet du mors étant plus fort que celui du bridon, c'est une raison de plus d'agir avec progression, surtout pour arrêter et reculer.

L'instructeur fait exécuter, par les commandements prescrits dans la 1re leçon, les mouvements ci-après détaillés :

Rassembler son cheval.

364. — *Porter le corps légèrement en arrière*, élever un peu la main en la rapprochant du corps, et tenir les jambes près. *Pour la ligne droite, les jambes prenant les 1re, 2e ou 3e positions suivant le rassembler à demander. Pesant du côté opposé où l'on va pour les rassemblers qui précèdent les changements de direction ou le galop.*

Marcher.

365.—*Avancer un peu la main en l'élevant légèrement, le corps d'arrière venant à la position
normale pour le départ*, le poignet toujours vis-à-
vis du milieu du corps, et fermer les jambes progressivement. Dès que le cheval obéit, replacer la
main et les jambes par degrés, *ainsi que le corps.*

Arrêter.

366. — S'asseoir *en se relâchant du bas du corps
pour entrer dans la selle*, élever en même temps la
main par degrés en la rapprochant du corps, et tenir
les jambes près, pour empêcher le cheval de reculer ou
de se traverser, *et être prêt à prendre les* 1re, 2e *ou
3e positions de jambes commandées par l'exigence de
l'équilibre.* Dès que le cheval obéit, replacer la main
et les jambes par degrés, *ainsi que le corps.*

A-droite.

367. — Porter la main en avant et à droite, suivant la sensibilité du cheval, *peser à droite, la
jambe gauche précédant pour maintenir*, et fermer
la jambe droite *pour déterminer.* Le mouvement
étant presque fini, replacer la main et les jambes
par degrés, *ainsi que le corps.*

A-gauche.

368.—Porter la main en avant et à gauche, suivant la sensibilité du cheval, *peser à gauche, la
jambe droite précédant pour maintenir*, et fermer
la jambe gauche *pour déterminer.* Le mouvement
étant presque fini, replacer la main et les jambes
par degrés *ainsi que le corps.*

Demi-tour à droite, demi-tour à gauche.

369.—Mêmes principes que pour exécuter un à-droite ou un à-gauche, en observant de parcourir le demi-cercle prescrit.

Quart d'à-droite, quart d'à-gauche.

370.—Mêmes principes que pour exécuter un à-droite ou un à-gauche, en observant que le mouvement de la main doit être assez modéré pour que le cheval ne fasse pas plus d'un quart d'à-droite ou d'à-gauche.

Reculer et cesser de reculer.

371.—*Assurer le corps dans le rassembler.*

Au commandement : marche, fermer les jambes sans force et suivant la sensibilité, tenir la main fixe après l'avoir élevée légèrement, porter doucement le corps en arrière, plus ou moins, suivant la sensibilité, en appuyant sur les deux côtés.

Au commandement de halte, avancer les poignets en les élevant légèrement, les jambes près, le corps revenant à la position normale.

NOTA.—Le corps du cavalier est l'agent le plus utile pour le cavalier ; dans le reculer il ne fatigue pas et n'irrite pas le cheval ; il parle au cerveau de l'animal un langage complétement mathématique.

372.—L'instructeur n'exige pas d'ensemble dans l'exécution de ces divers mouvements, mais il s'attache à la manière dont chaque cavalier se sert de la main de la bride ; il en rectifie toujours la position avant de passer d'un mouvement à un autre.

Travail de la 2ᵉ leçon, avec la bride.

373.— Lorsque les cavaliers commencent à comprendre les mouvements de la main de la bride, l'instructeur les fait marcher sur la piste, d'abord au pas, et ensuite au trot. Il fait fréquemment arrêter, repartir, changer de direction et exécuter successivement les divers mouvements de la 2e leçon, veillant à ce que les cavaliers fassent une application exacte des principes qui leur ont été donnés de pied ferme.

Le défaut habituel des cavaliers étant de porter la main gauche en avant et de refuser l'épaule droite, l'instructeur a l'attention de leur faire conserver la main au-dessus du pommeau de la selle sans déranger la position du corps.

Prendre le filet de la main gauche.

374.—L'instructeur commande :

Prenez le filet == DE LA MAIN GAUCHE.

1 temps.

A la dernière partie du commandement, qui est DE LA MAIN GAUCHE, passer les deux premiers doigts de la main gauche, les ongles en dessous, dans le filet, et le ramener à soi de manière que les rênes de la bride ne fassent plus d'effet sur le mors.

Lâcher le filet.

375.—L'instructeur commande :

Lâchez == LE FILET.

1 temps.

A la dernière partie du commandement, qui est LE FILET, lâcher le filet sans baisser le corps, et reprendre la position de la main de la bride, en ajustant les rênes.

L'instructeur ne fait prendre le filet de la main gauche que lorsque les cavaliers ont acquis l'habitude de conduire leurs chevaux avec la bride.

Appuyer à droite ou à gauche.

376.—L'instructeur fait appuyer à droite ou à

gauche, la tête au mur et en colonne, se conformant aux principes prescrits n°s 351, 352 et 353.

Pour appuyer à droite, déterminer les épaules de son cheval à droite en portant la main en avant et à droite, fermer la jambe gauche pour faire suivre les hanches, la jambe droite près, pour soutenir le cheval.

Pour cesser d'appuyer, redresser son cheval, la jambe droite près, et replacer la main et les jambes par degrés.

Pour appuyer à gauche et cesser d'appuyer, mêmes principes et moyens inverses.

Principes du galop.

377.—Un cheval galope sur le pied droit lorsque la jambe droite de devant dépasse la jambe gauche de devant, et que la jambe droite de derrière dépasse aussi la jambe gauche de derrière. Le mécanisme de cette allure s'opère généralement en trois temps ou foulées. Le 1er temps est marqué par la jambe gauche de derrière qui pose la première à terre, le 2e par le bipède diagonal gauche, et le 3e par la jambe droite de devant.

Un cheval galope sur le pied gauche lorsque la jambe gauche de devant dépasse la jambe droite de devant, et que la jambe gauche de derrière dépasse aussi la jambe droite de derrière. Dans ce cas, la jambe droite de derrière pose la première à terre, ensuite le bipède diagonal droit, et enfin la jambe gauche de devant.

Un cheval galope juste lorsqu'il galope sur le pied droit en travaillant ou tournant à main droite, et sur le pied gauche en travaillant ou tournant à main gauche.

Un cheval galope faux lorsqu'il galope sur le pied gauche en travaillant ou tournant à main droite, et sur le pied droit en travaillant ou tournant à main gauche.

Un cheval est désuni lorsqu'il galope à droite des pieds de devant et à gauche des pieds de derrière, ou lorsqu'il galope à gauche des pieds de devant et à droite des pieds de derrière.

Quand un cheval galope sur le pied droit, le cavalier éprouve dans sa position un mouvement sensible de droite à gauche.

Quand un cheval galope sur le pied gauche, le cavalier éprouve dans sa position un mouvement sensible de gauche à droite.

Quand un cheval est désuni, le cavalier éprouve dans sa position des mouvements irréguliers ; le cheval est hors de son aplomb et perd de sa force.

Travail au galop sur des lignes droites.

378.—Les cavaliers s'étant déjà habitués, dans la 2ᵉ leçon, à conserver leur position au galop, l'instructeur leur apprend à faire partir leurs chevaux sur la ligne droite, à l'une et à l'autre main.

Après avoir formé les cavaliers du deuxième rang, comme il est prescrit nº 350, il fait prendre 4 pas (4 mètres) de distance à ceux du premier, et ses cavaliers marchant au trot, et à main droite sur l'un des grands côtés, l'instructeur commande :

1. Au galop.
2. Marche.

Au commandement : au galop, rassembler son cheval *en pesant sur le côté gauche*, et le contenir parfaitement droit.

Au commandement : marche, porter la main un peu en avant et à gauche, pour donner à l'épaule droite la facilité de dépasser l'épaule gauche, et fermer les jambes derrière les sangles pour chasser le cheval en avant, *la jambe gauche 3ᵉ position et précédant, la jambe droite 2ᵉ position déterminant, peser sur le côté droit. Le cheval ayant obéi, entretenir l'action avec la jambe droite, la jambe gauche un peu plus en arrière pour maintenir, le corps à la position normale.*

379. — L'instructeur recommande aux cavaliers d'avoir du calme, de conduire leurs chevaux avec douceur et surtout d'avoir la main légère pour que le galop soit franc, jamais raccourci, et pour éviter de mettre les chevaux sur les jarrets.

Dans les premiers jours de travail au galop, il fait prendre aux cavaliers le filet avec la main droite pour calmer leurs chevaux et s'aider de cette main, jusqu'à ce qu'ils aient pris l'habitude de les conduire à cette allure avec la bride seulement.

Pour maintenir le cheval juste, il faut se lier à tous ses mouvements, surtout au passage des coins, où le moindre dérangement dans l'assiette du cavalier peut contrarier l'action du cheval.

Lorsqu'un cheval galope faux ou qu'il est désuni, l'instructeur fait passer le cavalier au trot, à la queue de la colonne, mais de manière à ne pas déranger ceux qui suivent. Lorsqu'il y est arrivé, il lui fait reprendre le galop, lui expliquant de nouveau les moyens qu'il doit employer pour maintenir son cheval juste.

380.—L'instructeur ne laisse les cavaliers au galop qu'un tour ou deux au plus à chaque main, et il fait toujours passer au trot pour changer de main.

Lorsque les chevaux sont un peu calmes, et que les cavaliers commencent à les bien conduire, l'instructeur fait diminuer successivement les distances jusqu'à 1 mètre 1/3 (4 pieds).

L'instructeur fait exécuter le même travail aux cavaliers du deuxième rang ; il le fait ensuite répéter par les deux rangs à la fois.

Travail au galop en cercle.

381.—Lorsque les cavaliers ont été suffisamment exercés au galop sur des lignes droites, l'instructeur fait faire quelques tours en cercle, suivant les principes prescrits n°ˢ 335 et 336.

Ce travail est commencé sur de très-grands cercles, dont on diminue le diamètre à mesure que les cavaliers en prennent l'habitude.

Saut du fossé et de la barrière.

426.—Pour cet exercice, le fossé doit avoir d'un mètre à un mètre et demi de largeur, et la barrière doit être élevée de 33 centimètres (1 pied) à un mètre (3 pieds). On augmente progressivement les dimensions à mesure que les cavaliers et les chevaux sont plus habitués à sauter.

L'instructeur forme les cavaliers sur un seul rang à 30 mètres (15 toises) en arrière de l'obstacle.

Chaque cavalier, successivement, se met en mouvement au pas à l'avertissement de l'instructeur, se dirige vers l'obstacle, et au tiers du chemin passe au trot.

427-428. — *En arrivant près du fossé ou de la barrière :*

1° *Relâcher le bas du corps légèrement en arrière pour entrer dans la selle et mieux suivre le mouvement ;*

2° *Fermer les jambes derrière les sangles, suivant la sensibilité du cheval et l'effort à faire pour franchir ;*

10.

3° *Avancer la main en l'élevant un peu.*
Au moment où le cheval arrive à terre :
1° *Porter le corps en arrière ;*
2° *Soutenir l'animal avec les jambes ;*
3° *Rapprocher un peu la main du corps en l'élevant, les doigts très fermés.*

Le cavalier, pour le saut du fossé et de la barrière, doit bien contenir le cheval dans la main, entre les jambes et sous son assiette, afin que le cheval sente qu'il est emboîté dans les trois agents sans pouvoir en sortir ni à droite ni à gauche.

Dans tous les obstacles, en général, les jambes doivent agir avec vigueur; la main, tout en se soutenant et s'élevant, ne doit ni tirer, ni chercher à enlever, à moins que le cheval n'ait trop d'impulsion.

La position du corps est, chez tous les bons cavaliers, en arrière à l'enlever, droite au passage, en arrière en arrivant sur le sol.

429.—Chaque cavalier, après avoir sauté, continue de marcher au trot, et va prendre sa place dans le rang qui se forme à 30 mètres au delà de l'obstacle, ayant soin de passer au pas un peu avant d'arrêter.

430.— Charge individuelle (Voir le n° 430 de l'école du cavalier à cheval).

—◦◦◦—

NOTES EXPLICATIVES.

La théorie militaire plaît à tous les esprits sérieux, elle n'est pas l'œuvre d'un seul homme, mais celui d'un grand nombre de praticiens éclairés. Dans nos observations, nous ne nous sommes attaché qu'à la pensée de rendre plus facile l'exécution des mouvements qu'elle prescrit.

Le *rassembler* de la théorie a plusieurs sortes d'interprétations ; par moments il veut dire *prévenir*, par d'autres *soutenir*, et enfin aussi *réunion des forces* avant leur détente.

Le rassembler ne peut avoir lieu sans un ralentissement quelconque, et par conséquent on ne peut dire de rassembler *sans ralentir* l'allure ni sans l'*augmenter* (V. pag. 136, 142) ; ces deux expressions ont été employées, sans nul doute, pour éviter des inconvénients que la pratique indique ; aussi, n'avons-nous présenté aucune modification à ce sujet.

Celles que nous avons proposées portent sur la nécessité d'un troisième agent, *le corps* ; sur le travail de *la main* qui doit conserver toujours son rapport intime avec la bouche ; sur l'*invariabilité* du travail des trois agents dans l'exécution des mouvements, fixant à chacun d'eux un rôle *déterminé* à l'avance d'après la marche du centre de gravité et les lois du système nerveux de l'homme et du cheval mis en présence. De là, comme conséquences :

1° Mouvement de relâchement au lieu d'*extension*, dans les départs, les temps d'arrêt, les défenses ;

2° Des règles fixes limitant *le liant* et *la force* chez le cavalier pour la solidité et la conduite de l'animal ;

3° Des règles fixant également les limites *de la résistance* au cheval et les conditions *de son entendement* ;

4° Un cadre d'exercices tirés de l'ordonnance elle-même, cadre indispensable à suivre, si l'on veut arriver à l'assouplissement de l'homme et du cheval et à leur fusion ;

5° Un cadre d'instruction présentant au cavalier tout ce qu'il doit savoir pour résister aux défenses du cheval, faire taire *son instinct de conservation*, parler à *son intelligence*, ménager ses membres, et, en apprenant à ne blesser aucune corde de son organisme, arriver promptement *à l'union morale et à l'union physique* du cavalier et du cheval.

Table des Matières.

NOTA. — Pages 76-78 : « Passant à une des jambes posterieures, etc., etc. »

Nous ferons-remarquer que nous parlons ici de manière à frapper l'intelligence du cavalier militaire sans l'embrouiller dans des considérations anatomiques trop détaillées. Sous le nom de jambe, nous voulons lui indiquer tout le rayon inférieur du membre à partir du jarret ; mais nous savons qu'en extérieur, la jambe est cette partie du membre qui a pour base le tibia, de sorte que, lorsqu'elle se porte en arrière, ce sont les fléchisseurs qui agissent, tandis que ce sont ses extenseurs qui la ramènent sous le corps. Ce que nous disons donc plus haut est pour le cavalier seulement, et alors *c'est bien l'extenseur du métatarse ou du canon qui agit quand ce rayon osseux est porté en arrière ; enfin, ce sont les fléchisseurs quand il est porté en avant.*

BIBLIOTHÈQUE NATIONALE DE FRANCE
3 7531 04130816 5